普通高等教育光电信息科学与工程专业系列教材

光电信息科学与工程专业实验

任一涛　编著

科学出版社

北　京

内 容 简 介

本书根据光电信息科学与工程专业人才培养方案，以光电信息科学与工程专业学生应具备的知识结构及实践技能为指导，突出自身的办学特色，在多届学生使用的《光电信息技术实验》校内讲义基础上，经补充、修改编写。在光纤通信、激光技术、薄膜光学和光电检测等方面选取 14 个典型实验，反映光电信息基本知识和新技术，兼顾一定的通用性和扩展性，目的是通过实验操作使学生加深对专业理论知识的理解，巩固学习成果，在测试原理设计、实验平台搭建、仪器设备的正确使用和操作方面得到锻炼，强化实验结果和误差来源分析、图表应用、逻辑表达的综合能力。编写中力求语言简练、实验目的明确、原理清晰、实验步骤详尽。

本书主要针对通信工程、电子信息工程以及光电信息科学与工程专业的本科和专科学生，也可供其他相近专业的本科和专科学生参考。

图书在版编目（CIP）数据

光电信息科学与工程专业实验/任一涛编著. —北京：科学出版社，2022.10
普通高等教育光电信息科学与工程专业系列教材
ISBN 978-7-03-073208-8

Ⅰ. ①光⋯ Ⅱ. ①任⋯ Ⅲ. ①光电子技术–信息技术–实验–高等学校–教材 Ⅳ. ①TN2-33

中国版本图书馆 CIP 数据核字（2022）第 170840 号

责任编辑：潘斯斯　张丽花/责任校对：王　瑞
责任印制：张　伟/封面设计：迷底书装

科 学 出 版 社 出版
北京东黄城根北街 16 号
邮政编码：100717
http://www.sciencep.com
北京建宏印刷有限公司 印刷
科学出版社发行　各地新华书店经销
＊
2022 年 10 月第 一 版　开本：720×1000　1/16
2023 年 1 月第二次印刷　印张：10 1/2
字数：248 000
定价：49.00 元
（如有印装质量问题，我社负责调换）

前　　言

本书以云南大学"双一流"建设总目标为指导，根据光电信息科学与工程专业人才培养方案，从学生应具备的本专业知识体系及实践技能出发，配合"激光原理与技术""光电子学基础""光通信原理与技术""电磁场理论"等专业理论课程的教学，选取了涉及这些课程的 14 个典型实验。本书内容贴近理论课程的重要实践需求和专业的发展，兼顾理论知识的相互联系及专业应用技能的通用性。从实践的角度进行分层次，以区别难度，递进巩固学生理论学习的成果，使学生加深对专业理论知识及新技术的理解，全面、完整地领会并掌握学过的知识。本书给出了每个实验详细的实验步骤，以方便学生自学，为学生提供一个实验基本操作的要领和仪器操作的参考，学生在弄懂领会后，可以结合自身特点进行扩展，发挥主观能动性和优势，创新性地完成实验设计和操作。

在本书编写过程中采纳了多届本科生、研究生和教师的意见与建议，得到了云南大学物理与天文学院的大力支持和帮助。北京杏林睿光科技有限公司在技术和实验设备上提供了大力的支持，翟嘉祐用软件为实验步骤绘制了部分设备示意图，在此一并表示衷心感谢。

由于作者水平有限，书中难免存在疏漏之处，恳请广大读者批评指正。

作　者

2022 年 4 月

目　　录

绪　　论

一、光电信息科学与工程专业实验的目的

光电信息科学与工程专业涉及的主要学科如光通信、光电子、信息处理等是当今理论迅猛发展、技术蓬勃创新的领域，学科知识相互融合，体系差异大，专业性和实践性强。学生要全面、牢固地掌握本专业涉及的学科理论知识，必须经过系统、科学的实践教学环节的训练。"光电信息科学与工程专业实验"是实践性很强的一门专业基础课，课程在实验、实践场所里从理解实验原理出发，明确测试目标与主要步骤，熟悉并操作仪器设备，控制实验参数和条件，观察实验现象，记录并处理测试数据，得出测试结果并分析结论，直至撰写完成实验报告。经过这样一轮轮的实践训练，一名大学生进入学校后逐步完成从基础到专业的过渡，不断将学过的理论知识与实际结合，了解理论到应用的转化过程，学会合理使用仪器设备，减小误差，提高测试精度，循序渐进地锻炼基本的实际动手能力、创新意识和思维能力。在理论指导实践的过程中，了解本专业的技术发展动态，培养自己理论联系实际、踏实求真的科学态度，做到遵纪守规，团结协作，自觉培养自己的科学素养和良好的道德品质。

二、实验课程的理论准备及实验过程

"光电信息科学与工程专业实验"涉及光通信原理与技术、激光原理与技术、光电检测技术、信息光学基础等学科门类，实验内容涵盖光的产生、光的传输、光的调制、光的接收、光的探测和显示、光的使用等环节，既有原理验证，又有技术应用。一些或部分实验内容或概念属于理论课程的选学部分，或在进行实验时还尚未学到，这就需要学生结合实验涉及的内容，认真做好实验前的预习，复习已讲过的理论知识，看书或查资料提前学习尚未讲到的概念或知识，为即将进行的实验做好理论知识的准备和铺垫。首先做到理解实验原理，明白测试方法或手段，对整个实验的框架及要领有初步的了解，然后将不理解的相关概念、操作、测试要领等记下来，带着问题进入实验室。

进入实验室的具体项目后，首先要注意领会实验的原理，学习如何用恰当的实验设计、方法或手段将理论原理表达出来，付诸落实并完成测试，最终实现实

验的目标。在实验平台的搭建中，应注意仪器或设备的操作和使用注意事项，多问为什么如此操作，思考具体的意义在哪里，对实验的结果有何影响，避免误操作损坏仪器。这样经过每一步实践，边操作边提问，学会解答自己的疑惑，进一步升华对理论的理解，从理论到实验完成对知识的全面掌握，学有收获。同时实验中要认真细致，注意观察实验现象及变化，如实记录实验数据。此外，特别要遵守实验安全须知，避免在实验进行中发生安全事故。

三、实验报告的撰写

实验报告是以书面的形式将实验的整个过程记录下来，并对实验结果进行分析判断，它是一种描述、记录一项科技活动(科研过程)及其结果的科技应用文体，具有信息交流和资料积累的功能，是科技论文的数据结果来源和资料基础。实验报告具备客观性、确证性和可读性。实验报告一般包括实验目的、实验原理和方法、实验内容、主要实验步骤、实验结果、结论等内容，实验者在实验中仔细观察实验现象及变化，如实地将实验现象和实验数据认真记录下来，写进实验报告。在对实验数据进行处理时，要学会使用科技常规表述方式。首先学会用准确的专业术语客观地描述实验过程、实验现象和结果，陈述有时间顺序、递进和条理化，各项数据之间具有逻辑关系。此外，数据陈述尽量使用图表，即以表格或曲线图的形式将参数坐标和测试数据变化直观、清晰地呈现出来，使结果变化趋势一目了然，便于分析比较。实验者通过分析数据，综合实验现象及数据变化趋势，简练、准确地概括及总结出核心结果，归纳出具有一般性的判断和实验结论。

实验报告是学生对整个实验完成后的书面总结，在报告的撰写过程中，学生要对整个实验过程进行回顾和梳理，对实验数据重新进行选取、判断和整理，去除不合理的数据。根据数据结果和变化趋势得出初步实验结论，用相关的理论对所得到的实验结果进行解释，讨论实验结果与某一理论、原理或假设的预期是否一致，得出结论。如果所得到的实验结果和预期的结果一致，则它验证了什么原理或理论。如果不一致，则说明了什么问题。这时千万不要随意取舍甚至修改实验结果，要认真对实验结果异常进行分析，经自己思考后找出结果异常或失败的原因，明确以后实验应注意的事项，对实验意义进行原因分析和展望。同时对实验误差进行原因及来源分析，最终深化对实验目的、科学研究过程及分析方法的认识，提高自身的创造性思维和意识，培养综合分析和总结能力，学会科学报告的基本写作，为后续的课程设计、毕业设计或毕业论文写作打下基础。

四、实验操作基本技能

由于《光电信息科学与工程专业实验》涉及光通信原理与技术、激光原理与技术、光电检测技术、信息光学基础等学科门类，实验内容涵盖光的产生、光的传输、光的调制、光的接收、光的探测和显示、光的使用等，实验操作涉及光纤连接、光学系统准直、数据采集、特殊仪器使用等环节，这里对主要操作技能做简单介绍。

1. 光纤连接

光纤连接指用专用器件或手段将两根光纤连接起来，形成一个整体的光通路，将在一根光纤中传输的光能量传输到另一根接收光纤中。连接光纤常用的方法有熔接和连接器连接两大类。光纤的熔接是用光纤熔接机热熔石英玻璃光纤的断面，把断了的光纤和光纤或光纤和尾纤连接起来。连接器连接是用连接器将在一根光纤中传输的光能量最大限度地传输（耦合）到另一根接收光纤中。因此，熔接提供固定、不可重复拆卸的光纤连接方式。连接器连接提供灵活、可重复拆卸的光纤连接方式。熔接产生的光损耗比连接器连接产生的光损耗小很多，熟练人员常规操作可以做到一个熔接点的损耗低至 0.02dB（电信网光纤数字传输系统工程施工及验收暂行技术规定要求≤0.08dB），光纤连接器的插入损耗＜0.5dB。因此，在远距离信号传输和长光纤链路连接且无须频繁链路切换时，多采用熔接的方式把一段又一段光纤或光缆熔接成固定的长传输距离光纤链路，以降低光信号传输的衰减。

在实验室中进行实验，搭建测试链路时由于经常更换连接仪器或端口，需要频繁地拆卸光纤，因此，连接器连接便提供了一种可重复拆卸、灵活方便的光纤连接方式，尽管其连接损耗比熔接高，但是光纤的连接器连接已成为实验室中连接光纤或光纤连接测试仪器的主要方式。连接两根光纤的器件，也称为光纤活动连接头。在光纤与光纤之间的活动连接过程中，光纤连接器需要将两根光纤的端面彼此同轴、贴近地对接起来，如图 0-1 所示，形成一个整体的光通路，将在一根光纤中传输的光能量传输到另一根接收光纤中，并取得尽可能大的光纤耦合效率，同时将对介入光纤通路产生的影响降至最低，使由此产生的光能量损耗最少。

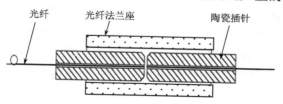

图 0-1　光纤连接器对接示意图

　　光纤连接器只有和同类型的法兰座配合使用，才能将两根光纤连接在一起形成低损耗的光通路。连接器连接光纤时在光纤与光纤之间（光纤插针端面之间）不可避免地存在一定的空气间隙，因而光纤连接器必然产生菲涅耳反射。为减小光纤连接器产生的菲涅耳反射，以及避免连接头插针端面反射光返回输入光纤，常采用不同形状的插针端面，以减少端面反射，改善连接器的回波损耗性能。根据插针端面的几何形状，应用中常用的光纤连接器连接头结构形式有 FC 型、PC 型、UPC 型和 AFC 型几种，如图 0-2 所示。

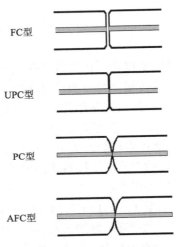

图 0-2　光纤连接器接头端面形状及对接示意图

　　由图 0-2 可见，FC 型连接由于插针平端面间存在空气间隙，易产生菲涅耳反射，回波损耗性能差。UPC 型连接时两个插针平端面刚好物理接触，不产生大的面接触压力，又能消除端面间的空气间隙，降低菲涅耳反射，改善回波损耗性能。PC 型连接使用球形插针端面，进一步降低菲涅耳反射并提高回波损耗性能。AFC 型连接将球形插针端面倾斜一定角度（通常为 8°），可大幅度地减少端面反射，极大地提高了回波损耗性能。由于 AFC 型连接时插针端面有倾角，AFC 型的光纤连接头不能直接与 FC 型的光纤连接头对接，以免造成永久性的连接头损伤。

　　虽然全球共有 70 多种光纤连接器，目前多数实验室中使用的主要是 FC 型或 AFC 型光纤连接器，其结构由精密陶瓷（金属）插针和陶瓷管组成，插针直径是 2.5mm，通过旋拧的方式连接两根光纤，可以连接单模或多模光纤，注意插入光纤连接头时须将连接头的"限位销"与法兰座的"限位槽"对准。FC 型单模光纤连接头及其专用连接法兰座如图 0-3 所示，AFC 型单模光纤连接头及其专用连接法兰座如图 0-4 所示。

图 0-3 FC 型单模光纤连接头和专用连接法兰座

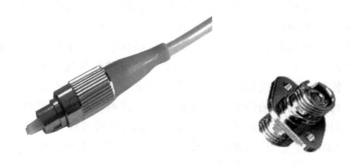

图 0-4 AFC 型单模光纤连接头和专用连接法兰座

光纤连接器重要的特性指标包括插入损耗和回波损耗。①插入损耗(insertion loss)指当光纤连接器接入光链路时所造成的传输信号有效光功率的减少量。在光纤链路中，连接器的插入损耗越小越好，插入损耗小意味着光纤连接器的接入对光纤链路造成的影响小。②回波损耗(return loss)指传输的光信号经过光纤连接器时在光纤连接处产生的对入射光功率的反射分量大小，在光纤链路中连接器的回波损耗数值越大越好；回波损耗大意味着在光纤连接处产生的光反射功率较小，返回的反射光对光链路的影响小，有助于提高光链路中光传输的稳定性。

2. 光学系统共轴调节

光学系统共轴指将实验测试系统中所有光学元器件(无论它们的外形尺寸差异)各自的光轴(元件中心)置于同一水平直线上，即让它们的光轴彼此共轴等高，尤其是放置于光具座、导轨或实验平台上的光器件，共轴的轴一般是导轨上方、平行于导轨对称轴的水平线。共轴调节是光学实验的先决条件，是学生进行光学调节必须具备的一项基本功。因在同一种均匀介质中光线沿直线传播，一切光学系统的设计均建立在每块透镜的光轴和光学系统的光轴重合基础之上，要将实验结果与已有光学理论相互验证，系统的共轴性越高，光学系统成像质量也越高，得到的实验结果误差越小。

光学系统的共轴调节一般分为粗调和细调两步，在粗调的基础上，再进一步细调。粗调是首先将所有光器件的中心调节到大致同一高度的位置，沿一条直线放置，使器件平面、透镜面等彼此大致平行，并与导轨或实验平台表面垂直。若系统共轴调节中使用到激光，则更为方便。由于激光束发散小，光斑尺寸也小，可以以激光束为基准，调节其他光器件与激光束共轴。具体操作时将激光器的出光口调节到与其他光器件光轴大致同等高度，查看激光束是否与导轨或平台表面平行，若不平行，则需先平移激光束至导轨对称轴上，以小孔光阑或成像白屏为依据，逐步调节激光束的俯仰角或左右转动激光器，使光束处处位于同等高度，保持激光束基本沿导轨对称轴传播，且与导轨或实验平台表面平行。随后对光学系统进行共轴细调，通过各光器件的升降支架、平移台和旋转台等上面的旋钮或微调螺旋进行俯仰、旋转微调，以激光束为基准，对一个一个器件进行仔细认真的调节，逐一将它们的光轴调节到一条直线上，最终实现系统共轴。

(1) 平面器件 (如平面反射镜、滤光片、平面探测器等) 的共轴调节。以激光束 (或通过小孔光阑的激光束) 为基准，调节平面器件在竖直方向的俯仰角和水平方向的旋转角，将从平面器件表面反射的光点调回到光阑小孔内，或调至反射光束与传播光束重合，这样也做到了平面器件与传播光束 (或实验平台表面) 相垂直。

(2) 透镜的共轴调节和光源的准直。对于点光源和发散角大的激光光源，由于它们发出的光是发散的，需要通过合适的透镜让发散的光变成准直 (基本平行) 的光。操作中尽量将光源放置在透镜的焦点处；或在光源后放置一小孔光阑，光阑后一定距离处放置透镜，调节时注意观察光阑表面上多个大小不一光斑的移动趋势，这些反射光斑由透镜前后表面反射。上下、前后仔细平移透镜，使这些反射光斑彼此靠拢，直至重叠；随后调节俯仰和水平旋转，让重叠共心的反射光斑进入光阑小孔或与传播光束重叠。

(3) 扩束镜的共轴调节。扩束镜是焦距较短的透镜或透镜组 (如显微镜头)，其共轴调节方法可以参照透镜共轴调节。但由于扩束镜的反射光斑较大，光斑的中心位置不易被准确确定，这时可以使用成像白屏观察。确定激光束的位置和传播方向后，在一定距离后用成像白屏标定光束在屏上的位置，同时维持成像白屏位置不动。将扩束镜置于光源与成像白屏之间靠近光源的位置，让激光束通过扩束镜的中心，先水平微微转动扩束镜，调节其方位，让扩束镜后表面反射的小光斑进入光阑孔或与传播光束同轴；随后边平移扩束镜边调节扩束镜的俯仰角，同时观察扩束镜后扩展的光束光斑中心位置，逐步将扩展的光斑中心位置尽可能与成像白屏上标定的激光束位置重合，并使扩展的光束光斑尽可能呈圆对称斑。

3. 光学表面清洁、擦拭

学生在实验中进行移动、调试透镜或反射镜，插拔光纤连接头等操作时，尤其是环境光照较暗情况下，手往往会在无意中触碰到镜面或接头表面，造成光器件表面污染，使成像质量降低、镜面反射率降低或使光传输的损耗增大。因此实验开始前必须对各个光器件的表面做彻底检查，必要时对光器件的表面进行擦拭和表面清洁。

(1)常规玻璃材质的透镜或光器件平表面等的清洁。戴上手套或指套，拿着透镜边缘，首先用高压氮气或洗耳球、驼毛刷除去表面的灰尘颗粒，再用镜头纸或脱脂长梳棉卷的棉签沾上适量的无水乙醇(或酒精和乙醚按3∶1或1∶1配制混合液，掺有乙醚的混合液挥发更快；或者用丙酮和甲醇的混合液)，擦拭圆形透镜时，顺时针从透镜中心往边缘螺旋转擦，同时棉签球本身也需转动，对平面镜则沿着同一个方向擦拭。完成一次擦拭后，须更换棉签或镜头纸，或使用没用过的部位，继续如此擦拭多次，并进行反光检测，直至表面清洁。擦拭时只能顺一个方向擦，不可来回往复，棉签和镜头纸也不能重复使用，切记不能直接用手或者普通的纸巾擦拭，以免划花镜片表面。

(2)对于金属反射镜，其表面涂覆有薄介质保护层(如非晶态二氧化硅(SiO_2)或者氮化硅(Si_3N_4))以避免金属涂层被氧化或防剐蹭，其表面的清洁可以使用玻璃透镜表面的清洁方法。若金属反射镜的表面没有涂覆薄介质保护层，其表面的灰尘可用高压氮气或洗耳球吹，对于表面指纹等润滑脂形式的污染，则只能取下交由专业机构清洁，以免自己清洁损伤金属反射镜的镀层，使金属反射镜失去使用价值。

(3)塑料镜片需用擦镜布慢慢擦拭，不要接触化学清洁剂(如肥皂、洗衣液等)，或用无水乙醇棉片或棉签进行擦拭后再用干净的擦镜布擦拭。

4. 数字示波器的使用

数字示波器又称数字存储示波器，它是集数据采集、A/D 转换、软件编程为一体的一种综合型电子测量仪器，具有波形触发、显示、测量、波形数据分析和处理等功能，其使用日益广泛和普及。一些高性能数字示波器还具有存储功能，对测量的电信号波形的变化进行保存和处理。数字示波器的重要指标包括带宽、采样速率、存储深度、上升时间和通道数等。

(1)数字示波器的带宽指示波器输入一个幅度相同、频率不断变化的电信号(如正弦波信号)，当示波器测量的信号幅度衰减至$-3dB$(70.7%)时的频率点就是该示波器的带宽，即输入的信号在示波器带宽处的测试值是真值的 70.7%。带宽是示波器的频率范围，不是一个示波器能够显示的输入信号的最高频率，通常用兆赫兹(MHz)表示。为保证测量结果的准确性，实际应用中，示波器的带宽通常是待测信号最高频率的 3～5 倍，可获得 ±3% 或 ±2% 的测试精度。

数字示波器的带宽有模拟带宽和数字实时带宽两种。模拟示波器的带宽是一个固定的值。数字示波器对重复信号采用顺序采样或随机采样技术所能达到的最高带宽为示波器的数字实时带宽，模拟带宽只适合重复周期信号的测量，数字实时带宽则既适合重复信号也适合单次信号的测量。数字示波器的带宽越宽，所能显示的高频分量成分越多，再现的信号就越准确。若数字示波器的带宽不足，将不能显示和测量高频变化的信号。厂家给出的示波器带宽一般指的是模拟带宽，数字实时带宽要小于模拟带宽很多，实践中测量单次信号时，一定要关注数字示波器的数字实时带宽，避免产生大的测量误差。

(2) 数字示波器的采样速率也称为数字化速率，指单位时间内对输入信号的采样频率，表示为样点数/秒，如常用的兆点数/秒 (MS/s)。示波器的采样速率越快，它所能显示的信号波形的分辨率和清晰度就越高，丢失重要信息和事件的概率就越低，信号的重建就越真实。奈奎斯特采样定理要求采样速率至少是被测最高频率的 2 倍以上，才能不失真地重建原始信号。实践中为准确地还原原始信号，数字示波器的采样速率一般是待测信号最高频率的 2.5～10 倍。

数字示波器的采样速率分为实时采样速率和等效采样速率。实时采样速率表示单次采样所能达到的最大采样速率；等效采样速率是用多次采样得到的信号共同完成信号的重建。通常说的示波器采样速率指实时采样速率，它可以用来捕获单次信号或非周期信号，等效采样速率只适用于采集周期信号。因此，标称一定数值实时采样速率的数字示波器实际可以达到比此数值高很多的等效采样速率。使用数字示波器时，最好使用采样速率较高的挡位。

(3) 数字示波器存储深度也称记录长度 (record length)，表示示波器一次实时采集波形所能保存的采样点个数 (即采集每个波形而捕获的特定样点数量)，单位为点或样点。存储深度=采样速率 (样点/秒)×采样时间 (秒)，在存储深度一定的条件下，采样速率越快，采样时间就越短。由于示波器的存储深度是固定的，当测量较长时间的波形时，只能以降低采样速率来实现，存储深度决定了实际采样速率的大小；若工作中需要上万个样点以上的存储深度，则需要选择示波器的长存储模式。

(4) 上升时间。上升时间指脉冲幅度的电平从 10% 上升到 90% 所需的时间，反映数字示波器垂直系统的瞬态特性，上升时间越短越好。实践中数字示波器的上升时间应比被测信号的上升时间快 5 倍，才能准确地捕获快速变化的信号细节。

常规使用的数字示波器多为两通道，使用时需先检查测试笔是否正常并矫正，一般将示波器测试笔或探头 (图 0-5) 上的衰减挡开关设定在×10 位置，视情况也可设定在×1 位置。开启示波器后，将示波器对应测试通道的电压信号显示倍率也调整到与测试笔相同的倍率，后将测试笔和地线夹子连接到示波器面板上的校准接口上(图 0-6)，校准接口标示有输出电压及波形(一般是方波)。观察示波器显示的校准方波信号波形，若显示信号失真(图 0-7)，就需要对测试笔进行补偿调整，用小螺丝刀调节测试笔上的可调电容旋钮，根据显示波形看是否补偿"过度"或"不足"，直至示波器上的方波信号棱角分明，为正确补偿。用示波器测出的交流电压值为信号的峰-峰值；当初步使用示波器，对参数设置不熟悉时，可以使用"自动"(AUTO)键，让示波器为被测试的信号自动设置功能并调节各种参数，最终以适宜观察的输入信号显示在示波器上。

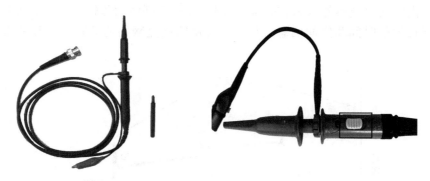

图 0-5　典型示波器测试笔及衰减挡位开关

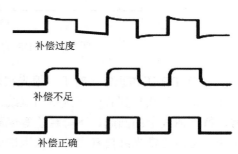

图 0-6　典型示波器面板上的校准输出接口　　　图 0-7　示波器测试笔的典型校准图示

5. 光时域反射仪的使用

光时域反射仪(optical time domain reflectometer，OTDR)是基于光在光纤中传输时的背向瑞利散射和菲涅耳反射引起的反向散射理论制成的精密光电一体化仪表，是通信工程中的"万用表"。光时域反射仪(OTDR)的功能类似于一个雷达，OTDR 的光源(E/O 变换器)在脉冲发生器的触发下产生一个个窄的光脉冲，光脉冲经耦合器耦合后进入待测光纤。与此同时，OTDR 的光检测器(O/E 变换器)在随时接收和检测由背向瑞利散射和菲涅耳反射产生的反向传输光，即接收光纤链路内各处离散状况(材料缺陷、杂质、折射率的微小起伏等)及折射率突变处(光纤端面、机械连接器、故障点等)产生的背向散射光(瑞利散射和菲涅耳反射)，OTDR利用背向散射对光脉冲在光纤中的传输状况进行评价，根据背向散射光功率随着传输距离的增大而不断减小判定光纤链路的损耗特性，以损耗特性给出整段测试光纤链路内光信号传输的强弱状况，用非反射事件、反射事件的形式给出光纤链路内的信息及事件状态(图 0-8)，评估光在光纤中的传输质量，全面分析光沿光纤传输的时间和空间信息，进行光纤链路或光网络的故障诊断和故障点的准确定位。

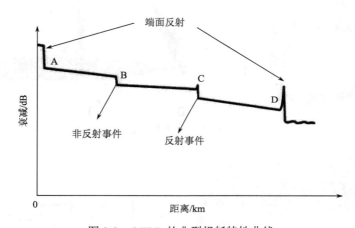

图 0-8　OTDR 的典型损耗特性曲线

　　若 OTDR 工作正常，对于一根光损耗系数一定、无其他瑕疵的光纤，光纤特性曲线是一条从左到右向下倾斜的直线，该直线的斜率即该光纤的损耗系数。通常，特性曲线上的凸起、下降台阶等偏离直线的状况被称为"事件"，"事件"意味着是由正常光纤自身之外的原因造成的光损耗或光反射功率突变，表明该根光纤出现异常的状况。由于其功能众多，OTDR 被广泛用于光纤光缆的工程应用中，为光纤光缆的施工、维护、监测及验收提供了便利。

　　光时域反射仪的主要功能：测量光纤长度及均匀性、测量光纤的损耗及分布、测量光纤的接头损耗、测量光纤或光缆上的各特征点、断裂处或故障点定位。

　　光时域反射仪的基本性能参数包括插入损耗、回波损耗、盲区、动态范围。

　　在使用光时域反射仪之前，需要对光时域反射仪的常用参数进行设置。光时域反射仪参数的恰当设置，有助于提高其测试精度和故障点的准确定位。

　　(1)波长：不同的光波长对应不同的光传输特性，对于石英玻璃光纤 1310nm

光波的信号色散最小，1550nm 光波的传输损耗最小。1550nm 光纤比 1310nm 光纤对弯曲更敏感，1310nm 光纤比 1550nm 光纤测得的熔接和连接器损耗更大，选择测试波长通常遵循与系统中传输的通信波长(1310nm 或 1550nm)相对应的原则，一般情况下多采用 1550nm 波长测试光纤或光缆的长度。

(2)量程：OTDR 获取取样数据的最大距离。它决定取样分辨率的大小。通常测量前需对被测光纤或光缆的长度进行预估(也可用 OTDR 自动模式测量光纤长度)，选择的最佳量程为待测光纤长度的 1.5～2 倍。

(3)测量时间(取样时间)：在单位时间内，OTDR 会对被测试的光纤进行多次测量，然后对测量结果取平均值。测量时间越长，测量曲线越平滑(取样次数多)，测试就越精确。

(4)脉宽：OTDR 发出的测试脉冲宽度。脉冲宽度越小，取样间隔也越短，测试精确度越高，但相应的脉冲能量就越小，测试光缆的长度就会越短(脉冲传输距离近)。脉冲宽度越大，其能量就越高，能测量的光缆距离也就越长，但测量的精确度将降低。当改变 OTDR 的测试量程时，脉宽也会随着量程而相应改变。实践中 10km 以下长度的测量，一般选用 100ns 及以下的脉宽参数，10km 以上则选用 100ns 及以上的脉宽参数。

(5)折射率：OTDR 设置的光纤芯区折射率，这需要根据每条光纤传输线路的要求不同而设定。

光时域反射仪的距离测量精度指 OTDR 测试长度时的准确度，这与其采样量程、时钟精度、光纤折射率、光缆的成缆因素和 OTDR 的测量误差有关，量程越大，影响越大，其中光纤折射率的设置偏差对距离测量精度的影响最大。折射率设置偏差为 0.01，便可导致约 7m/km 的光纤长度测量误差。具体用光时域反射仪进行测量时，常在光时域反射仪和待测光纤(或光缆)之间连入一段 300～2000m 的过渡光纤，使 OTDR 与待测光纤间的连接器产生的前端盲区落在过渡光纤内，而待测光纤始端落在 OTDR 曲线的线性稳定区内，避免盲区对测试的影响。若要测量光链路首、尾两端光纤连接器的插入损耗，则可在首、尾两端都加过渡光纤。

6. 激光光源和光功率计的使用

激光器是能够发射激光的装置。自 1960 年世界上第一台激光器(红宝石激光器)被发明以来，激光以其单色性好、方向性高、亮度高、相干性好(时间相干性和空间相干性)等独特优点作为新型单色光源得到迅速发展，在工业、农业、科研、国防、精密测量和探测、通信与信息处理、生物医药等行业和领域得到广泛的应用，并在这些领域引发革命性的突破，应用的范围还将继续扩大。激光产生的基本条件是：粒子数反转、受激辐射和正反馈。作为受激辐射光源，激光因其特殊的发光机制具有有别于普通光源的特殊优势。无论一个激光器的结构有多复杂，成本有多高，要产生激光辐射，激光器系统需具备三个基本构造，即具有合适能级的激光工作物质(固体、气体等)、泵浦源(电、光等)和谐振腔，以满足产生激光辐射的基本条件。

激光器的种类很多，根据激光的工作介质，激光器可分为固体激光器、气体激光器、半导体激光器和染料激光器四大类。典型的常用激光器如表 0-1 所示，除用于特殊场合的氩离子激光器、二氧化碳激光器这样的大功率激光器外，实验室中较为常见的激光器是氦氖激光器和半导体激光器这样的小功率激光器。

表 0-1　典型的常用激光器

	光源	工作物质	辐射波长/nm	工作方式	发明时间及发明人
固体	红宝石激光器	红宝石	694.3	脉冲	1960 年，T.H. Maiman
	YAG 激光器	掺钕钇铝石榴石(Nd:YAG)	946, 1064	连续	1964 年，J. E. Geusic
半导体	半导体激光器	GaAlAs, GaAs, InGaAsP, InP	850, 940, 1300, 1550	连续	1962 年，R.N. Hall, M.I. Nathan, N. Holonyak Jr, T. M. Quist
气体	氦氖激光器	He-Ne 气体	632.8	连续	1960 年，A. Javan
	氩离子激光器	Ar 气体	488.0, 514.5, 496.5, 476.5	连续	1964 年，W.B. Bridges
	二氧化碳激光器	CO_2 气体	10600	连续或脉冲	1964 年，K. Patel
染料	有机染料激光器	EuB_3	613.1	连续	1963 年，A. Lempicki

(1)氦氖激光器及其使用。氦氖激光器(图 0-9)是人们研制成功的第一台气体激光器，激光管两端是组成光学谐振腔的高反射镜片，其工作物质为混合的氦氖气体(He-Ne 10∶1 混合)，是典型的原子气体激光器。氦氖激光器采用直流电激励气体，受气体放电激励的氦原子通过碰撞将其能量转移给氖原子，促使氖原子在高能态形成粒子数反转并以受激辐射方式连续出射激光。He-Ne 激光器通常输出 632.8nm 波长的红色可见激光，单横模氦氖激光器的输出功率为几毫瓦至数十毫瓦，输出激光功率正比于激光管长度。其由于装置简单、操作简便、单色性较好、工作稳定，是目前应用最广的一种激光器，尤其是在激光精密测量、准直定位、全息照相等领域。

图 0-9　典型氦氖激光器及其电源

　　根据氦氖激光器光学谐振腔的结构形式，氦氖激光器可分为内腔式和外腔式两大类。内腔式 He-Ne 激光器的腔镜(前后反射镜)均固定封装在激光放电管的两端，谐振腔长度固定，激光器运行中谐振腔长度不可调整。而外腔式 He-Ne 激光器的激光放电管(两端均由布儒斯特窗片密封)、部分反射镜(输出镜)及全反射镜则安装在调节支架上，调节支架能改变输出镜与全反射镜之间的平行度及谐振腔长。半外腔式 He-Ne 激光器的输出镜固定在激光放电管一端，放电管的另一端用透明的布儒斯特窗片封闭，全反射镜则安装在激光放电管外的支架上，从而激光器谐振腔长度也可以改变。由于激光器谐振腔长度可调，且装有布儒斯特窗，外腔式、半外腔式 He-Ne 激光器的频率是可变的，且输出的激光是偏振光；而内腔式 He-Ne 激光器的频率是固定的，输出的激光则是非偏振的。

　　由于氦氖激光器的电源中含有大容量电容器，在开启和关闭氦氖激光器电源时不能触碰电源接头，避免因触电或被电击造成人身伤害。现在的氦氖激光器电源多设有两个开关：一个是电源开关，开启它接通 220V 交流电；另一个是激光器启动开关，采用转动钥匙方式触发激光器出光。

　　(2)半导体激光器及其使用。半导体激光器以半导体材料为工作物质，在半导体的能带之间或能带与杂质能级之间产生光的受激辐射。具体通过在 PN 结两边集聚的非平衡载流子(N 区导带的底部集聚电子，P 区价带的顶部集聚空穴)实现粒子数反转，在 PN 结正向偏压作用下，电子从 N 区跨过 PN 结进入 P 区，在 P 区与空穴复合而发光，借助垂直于结平面的两个平行面(晶体解理面)构成的光学谐振腔导致受激辐射，最终产生脉冲或连续激光。半导体激光器根据不同的半导体材料输出红外、红到蓝绿不同波长的激光，目前效果最好且使用最多的结构是双异质结型二极管激光器(激光二极管)，如图 0-10 所示，单模半导体激光器的输出功率一般为几毫瓦。半导体激光器发光面只有毫米尺寸，整体体积小、波长范围宽、成本低、使用寿命长、工作稳定，尤其是可以调制到 GHz，从而在光通信、高频调制信号系统、光谱分析、光信息处理、激光测距等领域获得广泛应用。

图 0-10　典型的激光二极管及激光二极管模块

（3）光功率计及其使用。光功率计（optical power meter）是用于测量不同波长光功率的智能化仪器，有台式（图 0-11）和便携式（如手持式）。光功率计是物理、光学实验室的常用或必备仪器之一，常用于测量激光光源的输出光功率和光源经过各种光学元器件或光纤后的剩余光功率，方便在实验和工程实践中评估光源与光器件的性能以及系统光传输的质量。

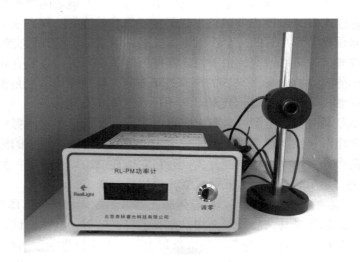

图 0-11　典型的台式光功率计及光电探头

　　光功率计的核心器件是光检测器，常用的光检测器有 PIN 光电二极管和雪崩光电二极管（APD），其中 APD 对光电流有倍增作用，测量灵敏度相对更高。除响应波长、灵敏度、噪声特性外，光检测器还须具有足够高的响应速度，以保证重现入射光信号波形时不产生失真。光检测器在接收到被测光后将其转换成相应的电流信号（光电流），该电流信号经过光功率计的主机放大和模/数变换后进入CPU，最终经 CPU 处理后的信号以数字光功率或功率电平形式显示。如图 0-12

所示是用于光纤通信工程的多功能典型的手持式半导体激光光源和光功率计(配对使用)，FC/SC/ST 等接口通用，无须复杂转换。

图 0-12　典型的手持式半导体激光光源和光功率计

使用手持式半导体激光器时，开启电源开关后，进行半导体激光器参数设置，同时预热光源几分钟。随后按波长开关键激发光源出光，并在 850nm、1310nm、1550nm 依次选择输出的激光波长；激光的输出功率以 dBm 为单位，可以通过功率下调/上调按键在−9～−5dBm 步进降低或增大输出光功率；同时可用 270Hz、330Hz、1kHz、2kHz 这几个频率对输出光进行调制。若 15min 无操作，激光器可自动关闭显示屏。

使用手持式半导体光功率计时，开启电源开关，进行光功率计参数设置，同时预热光功率计几分钟。随后按波长开关在 850nm、1300nm、1310nm、1490nm、1550nm、1625nm 中依次选择需要检测的激光波长；通过激光功率计按键在 dBm 或 W 切换检测的光功率单位，光功率计的输入能量检测范围为−70～+10dBm。若 15min 无操作，光功率计可自动关闭显示屏。

对于半导体激光光源的输出功率 P_{out}(也即光功率计检测的输入光功率)，mW 和 dBm 之间的单位换算关系为

$$1dBm = 10lg\left(\frac{P_{out}}{1mW}\right) \tag{0-1}$$

7. 实验数据采集

随着实验室设备自动化程度以及智能控制程度的不断提高，在各种实验进程

中，我们需要直接对电流、电压、功率等电气量进行测量，并且借助相关传感器对其他物理量(温度、压力、湿度、张力、加速度等)进行测量，同时将相关模拟信号数字化，方便对数据的记录、分析处理和存储。目前实验室中的数据采集是基于计算机或 PLC/单片机的，结合其多功能 I/O 设备(模拟 I/O、数字 I/O、计数器/定时器等)，通过硬件与适当的软件(驱动程序或定制应用程序等)的结合，自动完成测量、采集被测单元(待测器件和设备、传感器等)的模拟和数字电量或非电量信号数据，并将其送至上位机进行分析、处理和存储。

为此，国内外诸多厂商开发了基于 PC 进行数据采集与控制的数据采集卡和系统扩展卡，以实现灵活、用户可自主定义的测量和数据采集。常见的数据采集卡分内置数据采集卡和外置数据采集卡两大类。内置数据采集卡参照 IBM-PC 的总线技术标准进行设计和生产，可分为 PXI/CPCI 板卡和 PCI 板卡，集成了多个功能，使用时用户只需将采集卡插入 PC 主板上的 I/O 扩展槽中；外置数据采集卡则一般采用 USB、IEEE1394 等接口连接。数据采集卡安装、连接完成后，安装相应的驱动和控制程序(如 Labview 等)，即可构成一个充分利用 PC 软硬件资源、简单方便的数据采集与处理系统。

数据采集卡的技术参数包括通道数、采样频率、分辨率、精度和量程等。

在使用数据采集卡之前，需要认真了解数据采集卡的常用参数，对数据采集卡参数进行恰当的设置，有助于提高其测试精度，以及数据采集卡的有效使用。

(1)通道数：指采集卡可以采集的信号路数，如 8 路、16 路和 32 路，是同时采集还是非同时采集。输入信号有多少路，其中有几路是模拟信号、几路是数字信号。输出信号有多少路，其中有几路是模拟信号、几路是数字信号。

(2)采样频率：指单位时间内采集的数据点数，常用单位有 kS/s、MS/s，它取决于 A/D 芯片转换一个数据点所需的时间。

(3)分辨率：指采样数据最低位所代表的模拟量的值，通常为 12 位、14 位、16 位等，分辨率与 A/D 转换器的位数有关，位数越多，分辨率越高。

(4)精度：指测量值和真实值之间的误差，用于标称数据采集卡测量的准确程度。通常用满量程(full scale range，FSR)的百分比表示，如 0.05% FSR、0.1% FSR 等；或者用绝对差值表示，如 1.50mV。

(5)量程：指输入(输出)信号的幅度，如±2V、±5V、±10V、0～5V、0～10V 等，要求输入信号在量程内。

一般情况下，数据采集卡通道数目越多，采样频率越高，价格越贵。此外，使用时还需关注采集卡是否有增益，以及触发的方式。

五、实验安全须知

由于专业实验室仪器众多，各种仪器设备涉及不同的学科，各个实验的目的和要求各不相同，进入实验室的同学须认真听取实验室教师的指导，遵守实验室安全管理措施，事先了解实验操作中可能存在的安全问题及基本处理措施，强化安全意识和风险预见性，避免因安全意识淡薄、误操作等因素导致危险及人身伤害。进入实验室后注意基本安全，留意各种安全标识，如用电安全、常用设备使用安全，特别关注实验中是否涉及危险品、辐射源，知道常见辐射防护、危险品正确使用规程、废弃物的处理等实验室安全基本知识、防护方法、事故救援与自救技能等。

光电信息科学与工程专业实验室是进行教学、科学研究与探索、演示与培训等活动的实验场所，学生在实验室亲自动手做实验，进行与教学及科研有关的实践性活动。帮助学生获得对光电信息相关知识和现象的直接感性认识，激发学习的兴趣，加深对光电信息理论知识的理解。光电信息科学与工程专业主要涉及电、光、计算机等方面的实验。实验室重要的共性注意事项如下。

(1)电源：三相四线，照明用电压 220V(50Hz)；动力电压 380V(针对如大型激光器等特殊用电设备)。在实验室中不随意触碰电源及任何用电器和设备，使用仪器设备前，明确需要使用的电源是交流电还是直流电，是三相电还是单相电，以及电器仪表的正常输入电压大小(如 380V、220V、110V 或 6V)。明确墙上排布的电源插座哪些是照明用电，哪些是动力用电，是否具有结实可靠的专用地线；电源总开关或电闸是否具有自动断电的保护功能(漏电保护、过载保护等)。

(2)使用电器前检查电线、插座、线路接头是否有破损，允许使用的功率是多少。避免在同一个电源插座上插接过多的仪器，不将超过额定功率的电气设备接入插座。

(3)对于精密的实验仪器和设备，一般需提供稳压、恒流、稳频、抗干扰的电源，必要时配备专用电源(如不间断电源(UPS))。烘箱、高温炉等电热设备应设专用的插座、自动断电的开关。

(4)所用测量仪表量程(如电表、万用表、功率计等)应大于待测量的量程。当待测量大小不明确时，应从测量仪表的最大量程开始测量(如用万用表测量毫安、微安电流)，避免损坏测量仪表。

(5)切记不能用手指触碰光学元件(如透镜等)表面，避免给光学元件表面造成不易清洁的污染。使用光学元件时轻取轻放，避免不慎损坏，或被割伤。

(6)清洁、擦拭光学元件表面污染时，一定要在老师的指导下，按照清洁规程进行，若使用到有机溶剂(如丙酮、乙醇、苯等)，需穿戴防护手套、防护口罩等，同时注意实验室通风。

(7)操作使用激光光源时，一般需戴防护眼镜，切记不能直视各种激光光源。实验中要注意光束走向，视线应高于激光光源，避免受到激光反射光伤害。使用大功率激光器(或不清楚激光器具体功率)时，切记不能用身体暴露的任何部位去遮挡激光光束。

(8)使用低压汞灯或钠灯时，因其发光时亮度较高，发热量较大，实验中需加防护罩，注意灯罩温度较高，避免触碰烫伤。

实验 1　光源-光纤耦合效率测量实验

一、引　　言

光耦合是对同一波长的光能量进行分路或合路，或把光能量从自由空间送入某个光器件的过程。光信号的耦合具体包括光源与光纤之间、光源与光器件之间、光纤之间、光纤与探测器之间以及其他不同光器件之间的光能量传递。光耦合是光通信技术中的一项重要的基本技术，在光纤连接的光传输线路中，经常需要进行光耦合。借助光耦合器，可以将两路光信号汇合成一路，或将一路信号分开为两路或多路，实现光信号能量的分配传输或传送。

二、实　验　目　的

(1)学习光源与光纤间耦合的原理及实验操作方法。
(2)了解激光器输出光强度的分布。
(3)了解光纤的模式及观察光纤基模光场的强度分布。

三、实　验　仪　器

(1)半导体激光器 1 套，工作波长为 650nm，功率约为 2.2mW，工作电流小于 25mA。
(2)显微物镜(10 倍)　　　　　　1 个
(3)650nm 单模阶跃光纤　　　　　1 根
(4)650nm 多模阶跃光纤　　　　　1 根
(5)空间光耦合器　　　　　　　　1 个
(6)光功率计　　　　　　　　　　1 台

四、实　验　原　理

光纤，即光导纤维，是横截面为圆面的细长柱形介质，由具有不同折射率的玻璃或聚酯材料分别构成光纤的纤芯、包层或涂覆层，光纤的导光功能要求光纤芯区的折射率大于光纤包层的折射率。其几何结构示意图如图 1-1 所示。

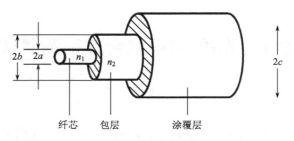

图 1-1　光纤几何结构示意图

　　光纤的这种特殊的折射率分布能通过全反射把进入光纤的光能量约束在光纤的纤芯内部，引导光沿着接近光纤轴线的方向向前传输。由于工作光波长的不同，光纤的使用场合各异，不同类型光纤的纤芯和包层的几何尺寸、芯和包层的折射率会有较大的差别。同时，为避免光纤在实际使用中受到机械损伤和外界的污染，在光纤外部通常还加有保护层或支撑物，保证光纤具有足够的抗损伤机械强度和防护能力。

　　由光耦合把从光源发出的光送入光纤有直接耦合和聚光器件耦合两种方式。直接耦合具体是让光纤端面直接对准光源输出的光束(多数为激光)所进行的"对接"式耦合，如图 1-2 所示。此方式的操作要领是：将切割制备好端面的光纤或光纤连接头直接靠近光源的发光面或入射光束，将它们调整至最佳位置(光源与光纤同轴或准直，在光纤输出端测得的输出光功率最大)后固定。直接耦合的方式简单可靠，必须配合专用的微调器件或设备，光耦合的效率有限。当光源的发光横截面积相比于光纤纤芯的横截面积很大时，将产生较大的耦合损耗。

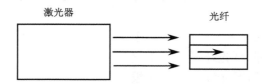

图 1-2　光源与光纤直接耦合示意图

　　聚光器件耦合是另一种常用的耦合方式。聚光器件有自聚焦透镜和传统的透镜之分。如图 1-3 所示，自聚焦透镜是外形为"棒"形的圆柱体，其折射率分布为抛物线形，实际运用中自聚焦透镜可以是渐变折射率光纤的一小段。聚光器件耦合是借助聚光器件将光源发出的光变换为合适的光斑尺寸汇聚在光纤的端面上，并调整到最佳位置(光束与光纤同轴)，光纤输出端获得最大光能量输出。这种耦合方式可靠性高，能有效地提高光耦合的效率。

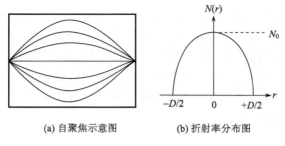

(a) 自聚焦示意图　　　　　(b) 折射率分布图

图 1-3　自聚焦透镜

通过聚光器件耦合时，会使用各种不同的透镜结构，包括：①端面球透镜耦合，将光纤端面制作成一个半球形，起到短焦距透镜的作用；②柱透镜耦合，柱透镜可将半导体激光器出射的椭圆光斑聚焦后变成圆形光斑；③透镜耦合，如图 1-4 所示，用显微物镜或透镜将激光器发出的激光束聚焦在光纤端面上。

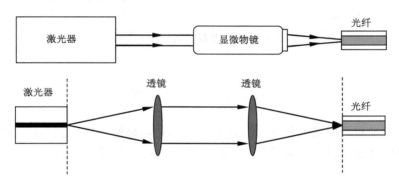

图 1-4　显微物镜或透镜与光纤耦合的方式示意图

在实际过程中，光耦合的效率一般达不到 100%。把从光源发出的光送入光纤芯区时，必然存在一定的能量丢失(耦合损耗)，在光源发光面或光束的横截面与纤芯横截面积相差较大时，情况尤其如此。光耦合的效率定义为

$$\eta = \frac{P_2}{P_1} \times 100\%, \qquad \eta = -10\lg\frac{P_2}{P_1}\ (\text{dB}), \quad 0 \leqslant \eta \leqslant 1 \qquad (1\text{-}1)$$

式中，P_2 为耦合进入光纤中的光能量(入纤功率，近似为光纤的出射光功率)；P_1 为由光源入射的光能量。为将从光源或激光器发出的光能量最大限度地送入光纤中，获得光源-光纤的最佳耦合效率，需要从光源、光纤两个方面考虑它们的特征参数彼此之间的匹配程度。对于光源，需考虑其发光面积大小、光发散角度的范围、光辐射的光谱特性(单色性好坏)及发射光强度分布等。对于光纤，需考虑其数值孔径大小、光纤芯区尺寸、光纤的折射率分布、光纤芯区-包层的折射率差、光纤模式和模场半径等因素。因此，在光纤芯区的尺寸与光源的发光面积(或出射

光光斑尺寸)彼此差别很大时的光耦合过程中，一般不使用直接耦合，而是使用聚光器件耦合。通过使用聚光器件(透镜或透镜组)对光束进行压缩，将入射光聚焦到光纤端面上(使输入的光斑尺寸接近光纤芯区的大小)，以提高光耦合效率。

单模光纤所传输的光纤模式是基模，其光场强度分布为高斯函数(图1-5)，故单模光场也称高斯光束。由于单模光纤和多模光纤彼此芯区尺寸的差异，耦合时获得的耦合效率差别也较大。

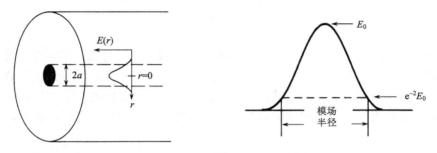

图 1-5　光纤基模光场分布示意图

五、实 验 内 容

(1)本实验采用聚光器件进行耦合，具体使用显微物镜，测量用 10 倍显微物镜(数值孔径为 0.25、焦距约 2mm)将激光由自由空间耦合进入多模光纤的耦合效率。

(2)测量用 10 倍显微物镜将激光由自由空间耦合进入单模光纤的耦合效率。

(3)观察直接耦合时，激光由自由空间进入多模光纤的耦合效率，并与聚光器件耦合效率进行比较。

六、实 验 步 骤

(1)通过透镜进行耦合的激光-光纤耦合效率测量的实验装置(单模、多模相同)如图 1-6 所示。首先进行系统初步共轴调节，先松开支杆锁定螺丝，上下调节支杆，让激光器、空间光耦合器、光功率计探头、光纤连接固定法兰基本保持在同一高度。开启激光器，调节激光器电源旋钮，逐渐增大驱动电流至适合值时(18~25mA)，激光器将发光，这时保持激光器驱动电流不变，预热激光器 5min 后再进行后续实验。此时暂不接入光纤，光纤也暂不连接光功率计。

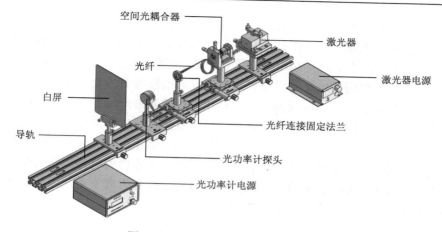

图 1-6　光纤耦合效率测量实验装置

（2）使由激光器发出的光束与导轨平面平行且居中（位于导轨 1/2 宽度的直线上）。为使激光器发出的激光束与导轨的平面平行，可暂时从导轨上移除其他元件（带支杆及座），只保留激光器和白屏（图 1-7），用白屏作为激光束高度的参考物。

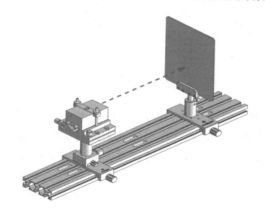

图 1-7　激光器与白屏系统

①将带刻度的白色光屏板固定在可沿导轨平行滑动的底座上，沿导轨将白屏先平行滑动到距离光源较近处（距离激光器约 10cm），在白屏上观察并记录第一次光斑的坐标位置或刻度（水平坐标 x_1，垂直坐标 y_1），如图 1-8 所示。②沿导轨将白屏继续平行滑动 30～35cm 的距离，此时记录下第二次光斑的坐标位置（水平坐标 x_2，垂直坐标 y_2）。③若 $x_1 \neq x_2$，且 $x_2 > x_1$，表明激光束在水平方向向右偏离激光轴心，光束偏向 x 增大的方向。同理可判断激光束是否在水平方向向左偏离激光轴心。④根据 y 坐标的位置变化判断光束在垂直方向上的偏离状况。若 $y_1 \neq y_2$，

且 $y_2 > y_1$，表明激光束在 y 方向向上偏离激光轴心，同理也可判断激光束是否在 y 方向向下偏离激光轴心。⑤根据判断出的激光束偏离状况，调节激光器的支杆高度并转动支杆(粗调)，然后调节激光器调整架上的螺丝进行微调(细调)；首次调节完成后，将白屏沿导轨平行滑动到离光源较近或较远的两处，观察光斑在白屏上的位置变化情况，让偏左或偏右、偏高或偏低的光束向反方向偏回来。⑥重复上述步骤多次，同时不断移动白屏观察光斑位置被纠正后的变化，直到观察到的光斑位置坐标 x_1 与 x_2，y_1 与 y_2 无限接近甚至相等(运用可变光阑在近处和远处观察激光束通过光阑孔的情况也能达到此目的)，此时激光器出射的激光束便与导轨平面平行且居中。然后拧紧螺丝，保持激光器的高度和方向不变，以此激光束作为后续整个测量系统的调节基准及参照。

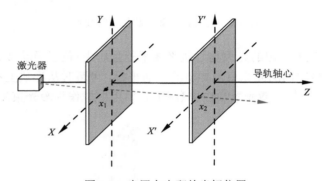

图 1-8　　光屏上光斑的坐标位置

　　(3)光功率计设置。启动光功率计，选择 650nm 波长、R_5 测量挡。旋转取下光功率计探头上的保护盖，用遮挡物挡住光功率计探头(或挡住入射激光束)后，按光功率计上的调零按钮，使光功率计读数归零。调零结束后测量此时激光器的输出功率 P_1。

　　(4)系统共轴，使从激光器发出的光束与空间光耦合器同轴。以激光束作为整个测量系统的调整参照物，在距离激光器一定距离处的白屏上标出光斑的位置，然后将空间光耦合器(图 1-9，显微物镜已装在耦合器上)移回放入激光器和光屏之间(暂不接入光纤，光纤也暂不连接光功率计)。遵循步骤(2)的过程，上下调节并转动空间光耦合器的支杆，或微调空间光耦合器支杆座上的螺旋，在光屏上观察激光束光斑位置的移动方向(即观察由显微物镜出射光束(发散光束)的光斑中心位置)，逐渐调节后要使显微物镜出射的发散光束光斑中心与原先标出的激光束光斑位置接近并基本重合，这时表明实现了耦合系统的共轴(即激光器和空间光耦合器二者同轴)。

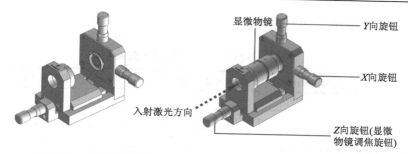

图 1-9　三维空间光耦合器及带显微物镜的空间光耦合器示意图

（5）接入光纤。从导轨上撤下光纤连接法兰座。旋转取下光功率计探头上的保护盖，拧上光纤法兰座，直接将 650nm 的多模光纤（橙色）分别连接于空间光耦合器的法兰座和带有光纤连接法兰座的光功率计探头上，让光纤端面正对入射激光束，如图 1-10 所示。

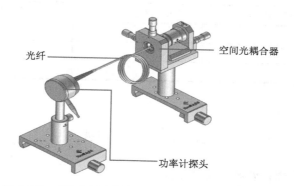

图 1-10　三维空间光耦合器和光功率计探头连接示意图

（6）耦合激光进入光纤。用多模光纤连接功率计和空间光耦合器后，旋转调节空间光耦合器 Z 向旋钮，使显微物镜逐渐靠近光纤端面，同时调节 X 或 Y 向旋钮，观察光功率计的显示数，逐步使光功率计的读数达到最大。这样每旋转物镜 Z 向旋钮一次（使物镜与光纤的陶瓷插芯距离逐步接近），均需调节 Y 向、X 向旋钮，使光功率计的读数逐步增至最大。这样认真反复调节多次，同时观察功率计的读数，如果趋势正确，逐步地优化会使进入光纤的光功率不断增大。当物镜与光纤的陶瓷插芯距离足够接近显微物镜的焦点时（即在 Z 方向达到最佳耦合位置），慢慢微调 X 和 Y 向旋钮，调至光功率计的读数达到最大（这时光纤的输出功率最大），记录此时的光纤输出功率 P_2。注意：当 Z 向旋钮无法旋转时，说明显微物镜与光纤端面接触，为避免光纤端面被损坏，旋钮应立刻向相反方向旋转。

（7）重复上述操作步骤，测量 3 组实验数据并将其填于表 1-1，利用式（1-1）

计算耦合进入多模光纤的耦合效率。

表 1-1　多模光纤耦合效率测量数据

编号	激光器功率 P_1/mW	光纤输出功率 P_2/mW	多模光纤耦合效率/%
1			
2			
3			

(8) 取下多模光纤，将多模光纤换成单模光纤(白色)，重复步骤(5)～(7)，测量耦合进入单模光纤的耦合效率。将测量数据记录在表 1-2 中并计算。注意：由于单模光纤的纤芯很细，耦合进入的光能量会较少，调节时需要更加认真仔细。

表 1-2　单模光纤耦合效率测量数据

编号	激光器功率 P_1/mW	光纤输出功率 P_2/mW	单模光纤耦合效率/%
1			
2			
3			

七、思　考　题

(1) 分析提高耦合效率的关键途径。

(2) 实验中是否可以更换其他倍数的显微物镜以提高耦合效率，有何依据?

(3) 比较激光器耦合进入 650nm 单模、多模光纤的效率差异，并解释原因。

实验 2　　光纤数值孔径测量实验

一、引　　言

　　当在光纤中传输的光进入自由空间时，光束将会发散，即在随后的传输过程中该光束的光斑会逐渐变大，具有不同结构参数的光纤其发散角也不同。根据光路的可逆性原理，入射到光纤端面上的光束也只有在该发散圆锥角的范围内才能顺利折射进入光纤，并在光纤中持续传输。定义该光纤空间圆锥角的物理量为光纤的数值孔径，它是光纤的基本结构参数之一，决定了能够顺利进入光纤的光束的空间范围或光束出光纤的发散性。

二、实　验　目　的

　　(1)领会光纤数值孔径的物理含义。
　　(2)掌握光纤数值孔径测量的一种方法。

三、实　验　仪　器

　　(1)半导体激光器 1 套；工作波长为 650nm，功率约为 2.2mW，工作电流小于 25mA。
　　(2)显微物镜(10 倍)　　　　1 个
　　(3)空间光耦合器　　　　　　1 个
　　(4)单模阶跃光纤　　　　　　1 根
　　(5)多模阶跃光纤　　　　　　1 根
　　(6)光功率计　　　　　　　　1 台

四、实　验　原　理

　　光纤的数值孔径(numerical aperture，NA)定义了光进出光纤时的空间圆锥角的大小，如图 2-1 所示，它代表一根光纤能接收入射光的能力或本领，给出了光纤收集光的角度范围，是表征光纤与光源、光纤与其他光器件耦合时耦合效率高低的重要参数。

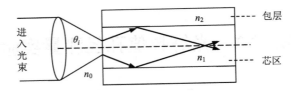

图 2-1　光纤的光接收空间圆锥角

光纤数值孔径的理论定义式为

$$\text{NA}_{\max} = n_0 \sin\theta_{\max} = n_0\sqrt{n_1^2 - n_2^2} \tag{2-1}$$

式中，n_0、n_1、n_2 分别为空气、光纤芯区和包层的折射率。当在空气环境中进行实验时，有 $n_0 = 1$。光纤在均匀光场（朗伯特光源）的照射下，光纤远场光功率的角分布与光纤数值孔径的关系为

$$\sin\theta = \sqrt{1 - \left[\frac{P(\theta)}{P(0°)}\right]^{1/2}} \cdot \text{NA}_{\max} \tag{2-2}$$

式中，θ 是远场辐射角（图 2-2）；$P(\theta)$ 和 $P(0°)$ 分别为远场辐射角为 $\theta = \theta$ 和 $\theta = 0°$（轴线）处的远场辐射功率。远场辐射角的正弦值与光纤的数值孔径成正比，当 $P(\theta)/P(0°) \leqslant 5\%$ 时，$\sin\theta \approx \text{NA}$。因此在远场辐射光斑图上，偏离光斑中心处的光强度下降至中心（轴线处）最大光强度值的 5% 处所对应的半张角正弦值即为光纤的有效数值孔径 $\sin\Phi \approx \text{NA}_{\text{eff}}$。

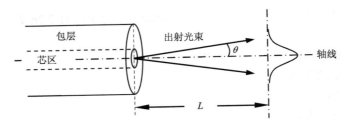

图 2-2　光纤输出端的远场发散角

光纤的数值孔径可以通过折射率近场法、远场光强法、远场光斑法测量。本实验采用远场光斑法测量光纤的数值孔径，该方法本质上类似于远场光强法，是实验上验证光纤数值孔径常用的测量方法，它简单方便，可以使用相干光源，实验原理如图 2-3 所示。实验中首先确定远场法光斑所处的位置及其距光纤出射端的距离 L，使用光功率计或光电探测器测量光纤出射光斑的大小及具体尺寸（$D = 2d$），利用光强度下降至中心（轴线处）最大光强度值的 5% 处对应的半张角的正

弦值确定光纤的数值孔径，$\mathrm{NA} \approx \sin\left[\arctan\left(\dfrac{D}{2L}\right)\right]$。

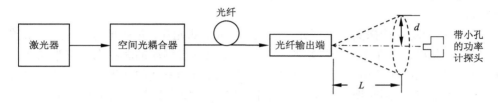

图 2-3　光纤数值孔径测量原理示意图

具体测量时，选取在距离光纤出射端 L 处的观察平面上测量光斑的功率分布，从观察平面上的光斑中心开始，水平或垂直横向移动光功率计探头，找出光斑光功率最大的中心点，记下此时光功率计的读数 P_1 和光功率计探头的位置读数 d_1；然后由光斑中心点处继续水平或垂直沿着光斑的直径移动光功率计探头，观察光功率计读数的变化，直到光功率计读数下降至约中心最大光强值的 5%时，记下光功率计探头移动的位置读数 d_2 及其相应的光功率读数 $P_2(P_2 \approx 5\%P_1)$，则光纤的有效数值孔径由式(2-3)计算：

$$\sin\varPhi = \mathrm{NA}_{\mathrm{eff}} = \sin\left[\arctan\left(\frac{|d_1 - d_2|}{L}\right)\right] \tag{2-3}$$

五、实 验 内 容

(1)测量工作于 650nm 波长时的多模阶跃光纤的数值孔径。
(2)测量工作于 650nm 波长时的单模阶跃光纤的数值孔径。

六、实 验 步 骤

(1)参看实验 1 中图 1-6，按照实验 1 中实验步骤(1)～步骤(6)，进行系统的共轴调节，连接电源并开启激光器，使由激光器发出的光束与导轨平面平行且居中。然后以激光器光束为基准，调节空间光耦合器，使其与激光器二者同轴。接入光纤并将激光耦合进入光纤，测量并记录此时的激光器的输出功率 P_1，以及光纤的输出功率 P_2。

(2)从光功率计探头上取下光纤，连接到带支架的光纤法兰座上，让光纤出射端尽量与入射光位于同一直线上。将固定在支架上的光功率计移开，在光纤出射端后一定距离处放置一白屏，在白屏上观察从光纤射出的光斑是否是基本对称、均匀的一个圆斑，且光强度近似呈高斯分布，若白屏上光斑扭曲变形或不规则，则需返回上一步继续微调空间光耦合器，使光纤的出射光斑尽量均匀且近似高斯分布。

(3) 从光功率计探头上取下光纤法兰，换装上滤光孔，并将光功率计探头安置在带有千分尺、可在垂直于导轨的平面上水平或垂直移动的底座上。将带滤光孔的探头放置在离光纤出射端一定距离处，测量此时功率计的滤光孔与光纤出射端之间的距离(L)。同时调节功率计滤光孔的位置，水平移动(通过底座测微螺旋调节)或垂直移动(通过松动支架螺丝调节)，使滤光孔位置大致位于光纤出射光斑的正中心，然后逐步微调测微螺旋使功率计显示数最大，记录此时的功率为 P_1，相应测微螺旋的刻度为 d_1。在上述调节过程中，注意选择光功率计与光纤出射端的距离，避免因距离太近使探测到的光强超过探测器的量程，或因距离太远导致探测到的光太弱而产生较大测量误差。

(4) 随后沿一个方向旋动测微螺旋，继续横向(水平)平推滤光孔，使光功率计沿着出射光斑的径向移动(垂直于导轨的方向)，同时观察光功率计的读数 P_2。实验正常时，观察到的光功率计读数应逐渐减小，当光功率计的读数 $P_2 = 5\%P_1$ 时，停止旋动测微螺旋，观察并记录此时对应的测微螺旋的刻度读数为 d_2，此时光斑半径 $R = |d_1 - d_2|$。并通过导轨上的刻度读出光纤出射端的位置 L_1 和光功率计探头的位置 L_2，算出光斑所在处距离光出射端的距离 L，完成一组测量。

① 保持 L_1 和 L_2 不变，重复上述步骤，测量 2 次光强度为中心最大光强值的 5% 时的光斑半径值，最终取 3 次 R 值的平均值(记为 R_0)，运用式(2-3)计算出测量得到的光纤数值孔径值。

② 改变光功率计探头与光纤出射端的距离(即改变 L_2)，重复步骤(4)两次，计算出该光纤的 3 个数值孔径值，取这 3 次测量的平均值为该光纤的最终数值孔径测量结果，将实验数据填入表 2-1。

表 2-1　实验数据记录表

序号	光斑中心功率 P_1/mW	光斑边沿功率 P_2/mW	P_1 时平台刻度 d_1/mm	P_2 时平台刻度 d_2/mm	探测器与光出射端的距离 $L_2 - L_1$	数值孔径 $NA = \sin\left[\arctan\left(\dfrac{R_0}{|L_2 - L_1|}\right)\right]$
1						
2						
3						
数值孔径平均值：						

续表

序号	光斑中心功率 P_1/mW	光斑边沿功率 P_2 /mW	P_1 时平台刻度 d_1/mm	P_2 时平台刻度 d_2/mm	探测器与光出射端的距离 $L_2 - L_1$	数值孔径 $NA = \sin\left[\arctan\left(\dfrac{R_0}{\lvert L_2 - L_1 \rvert}\right)\right]$
1						
2						
3						
数值孔径平均值:						
1						
2						
3						
数值孔径平均值:						
最终数值孔径测量值:	。					

(5)将 650nm 的多模光纤更换为单模光纤，重复步骤(1)～步骤(5)，分别测量 650nm 的多模和单模两根光纤的数值孔径。

七、思　考　题

(1)实验中是否可以将显微物镜更换为放大倍数接近的普通聚焦透镜？有何依据？

(2)根据实验测量结果，分析为何 650nm 单模、多模光纤的数值孔径有差异。

(3)分析光斑所在处与光出射端距离为 L 时的数值大小对测量结果精确度的影响。

(4)观察平面上的出射光斑光功率最大的位置是否就是光斑的轴心位置，分析光斑轴心位置的测定对测量结果精确度的影响。

实验 3　光纤几何参数测量实验

一、引　　言

光纤的几何参数包括纤芯/模场直径、包层直径、纤芯不圆度、包层不圆度、纤芯/包层同心度误差。作为光纤的重要基本参数，光纤的几何参数关系到光纤与光器件之间的耦合效率、光纤彼此之间的接续等方面，直接影响光信号进入光通信系统的效率以及在系统中的连接损耗和传输，是光纤研制、光纤生产过程中需要精确地测量、实现对光纤质量控制的重要几何指标参数。本实验采用近场光分布法(灰度法，TNF)实现对光纤折射率分布曲线和光纤几何参数的测量。

二、实 验 目 的

(1)学习和掌握光纤几何参数的定义。
(2)学习和掌握光纤几何参数的测试方法。
(3)对单/多模光纤的折射率分布曲线及光纤几何参数进行测量。

三、实 验 仪 器

(1)光纤端面观察仪	1 台
(2)调节套筒和支杆	1 套
(3)FC 型法兰转换底座	1 个
(4)FC 法兰	1 个
(5)多模和单模光纤跳线	各 1 根
(6)USB 视频采集卡和同轴视频线	1 套
(7)输入光源	1 个
(8)图像采集卡	1 个
(9)像素尺寸标定尺	1 个
(10)滤模器	1 个

四、实　验　原　理

1. 光纤的几何参数

光纤是横截面为圆面的细长柱形介质，光纤的导光功能要求其基本几何结构为同轴圆柱体，由具有不同折射率的玻璃或聚酯材料分别构成光纤的纤芯、包层或涂覆层，且要求光纤芯区的折射率大于光纤包层的折射率。因此，光纤的几何参数包括纤芯直径、包层直径、纤芯不圆度、包层不圆度、纤芯/包层同心度误差和折射率分布。

1) 纤芯直径

理想阶跃光纤的纤芯直径定义为纤芯和包层界面所构成的圆的直径，用 d 表示。但在实际应用中，由于光纤纤芯和包层的界面不容易明确确定，因此多模光纤和单模光纤的纤芯直径按照国家标准（GB/T 15972.20—2021）规定，二者的界定有所不同。

对于多模光纤，国家标准规定纤芯的直径 d 由折射率剖面确定，根据测量出的光纤平面折射率分布 $n(r)$，纤芯的直径 d 为在折射率剖面上过光纤芯区中心与 n_3 点轨迹相交的直径，如图 3-1 所示，n_3 点的位置由式（3-1）给定：

$$n_3 = n_2 + k(n_1 - n_2) \tag{3-1}$$

式中，n_1 为纤芯的最大折射率；n_2 为均匀包层的折射率；k 为常数。由折射率 n_3 的轨迹包围的横截面便作为多模光纤的芯区。

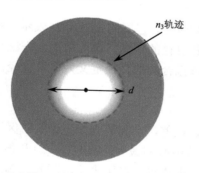

图 3-1　多模光纤的折射率剖面及纤芯直径定义

图 3-1 中折射率 n_3 的虚线轨迹所包围的横截面即为多模光纤芯区，近场光分布法中，常数 k 的典型值取为 0.025；对于纤芯/包层交界区域折射率剖面是渐变的光纤，近场光分布法一般取 k 值为 0.05。

为改善纤芯直径的测量精度，一般对折射率剖面采用曲线拟合进行测量。由拟合方法(如最小二乘法)得出的与 n_3 轨迹达到最佳拟合的圆的直径定义为纤芯直径，其中心即为纤芯中心。实际上的拟合圆用面积相等的方法获得，即拟合圆的面积等于已知 n_3 的轨迹曲线所围面积，圆心为 n_3 的轨迹曲线所围面积的重心。拟合计算多模光纤几何参数的示意图如图 3-2 所示。

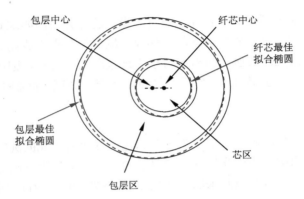

图 3-2　多模光纤的几何参数拟合示意图

对于单模光纤，国家标准不建议测量纤芯直径，而常用模场直径来描述。模场表征的是在单模光纤的纤芯区域中基模光场的分布状态。作为高斯分布的基模光场在纤芯区域的轴心线处光强最大，随着偏离轴心线的距离增大，基模光场的光强逐渐减弱，当该光强降低到轴心线处最大光强的 $1/e^2$ 处时所对应的直径便定义为模场直径。

2) 包层直径

环绕纤芯的区域称为包层，包层的直径用 D 表示。实际光纤的包层横截面也是不够圆的，类似于纤芯直径的定义，也可用拟合方法得出与光纤包层横截面重合度最佳的拟合圆，则该拟合圆的直径定义为包层直径，圆中心便为包层横截面中心。

3) 纤芯不圆度

由于工厂生产的工艺误差，实际的光纤无论其芯区还是包层都是不够圆的，若以光纤纤芯边界离纤芯中心的最大距离($D_{co\,max}$)和最小距离($D_{co\,min}$)分别作为一个椭圆的长轴与短轴，即用这个椭圆表示实际光纤芯区的横截面，则以此椭圆的长、短轴为半径，分别作一个外接圆和一个内切圆，光纤纤芯不圆度(ε_{co})定义为芯区外接圆与内切圆的直径之差除以纤芯直径，用百分数表示。

$$\varepsilon_{co} = \frac{D_{co\,max} - D_{co\,min}}{D_{co}} \times 100\% \tag{3-2}$$

式中，纤芯直径 $D_{co} = (D_{co\,max} + D_{co\,min})/2\,(\mu m)$；最大纤芯直径 $D_{co\,max}$=拟合椭圆的

长轴（μm）；最小纤芯直径 $D_{\text{co min}}$ =拟合椭圆的短轴（μm）。

4）包层不圆度

若以光纤包层边界离纤芯中心的最大距离（$D_{\text{cl max}}$）和最小距离（$D_{\text{cl min}}$）分别作为一个椭圆的长轴和短轴，即用这个椭圆表示实际光纤的包层横截面，则以此椭圆的长、短轴为半径，分别作一个外接圆和一个内切圆，光纤包层不圆度（ε_{cl}）定义为包层外接圆与内切圆的直径之差除以包层直径，用百分数表示。

$$\varepsilon_{\text{cl}} = \frac{D_{\text{cl max}} - D_{\text{cl min}}}{D_{\text{cl}}} \times 100\% \tag{3-3}$$

式中，包层直径 $D_{\text{cl}} = (D_{\text{cl max}} + D_{\text{cl min}})/2 \,(\text{μm})$；最大包层直径 $D_{\text{cl max}}$ =拟合椭圆的长轴（μm）；最小包层直径 $D_{\text{cl min}}$ = 拟合椭圆的短轴（μm）。

5）纤芯/包层同心度误差

纤芯/包层同心度误差定义为纤芯中心 $(x_{\text{co}}, y_{\text{co}})$ 与包层中心 $(x_{\text{cl}}, y_{\text{cl}})$ 的距离，单位为 μm：

$$纤芯/包层同心度误差 = \sqrt{(x_{\text{co}} - x_{\text{cl}})^2 + (y_{\text{co}} - y_{\text{cl}})^2} \tag{3-4}$$

对于多模光纤，可以用此误差的相对值来表示，即

$$相对纤芯/包层同心度误差 = \frac{\sqrt{(x_{\text{co}} - x_{\text{cl}})^2 + (y_{\text{co}} - y_{\text{cl}})^2}}{芯区直径} \tag{3-5}$$

6）折射率分布

光纤的结构参数是由光纤的折射率分布来定义的，光纤折射率分布是表征光纤光学特性的一个重要参数，它不仅与光纤的数值孔径有关，还直接影响光纤的损耗和色散特性。测量光纤结构参数的关键是测量光纤的折射率分布，有了光纤的折射率分布 $n(r)$，便可以根据式（3-1）得到光纤芯区的折射率分布 n_3，由此可测量出纤芯（模场）直径、包层直径、纤芯/包层不圆度、纤芯/包层同心度误差。常见典型光纤的几何参数实例见表 3-1。

表 3-1　常见典型光纤的几何参数实例

名称	G.652 单模光纤	50/125 多模光纤	62.5/125 多模光纤
纤芯（模场）直径	(8.6～9.5) μm	(50±2.5) μm	(62.5±2.5) μm
包层直径	(125±2) μm		
纤芯不圆度	—	≤6%	
包层不圆度	≤6%		
纤芯/包层同心度误差	≤1.5μm		

2. 近场光分布法

近场光分布法是通过测量光纤出射端面上导模的光强度或光功率的空间分布(即近场分布)来测量光纤的折射率分布,并用以确定光纤几何参数的典型方法。国家标准 GB/T 15972.20—2021 将该方法规定为多模光纤几何参数(纤芯直径除外)和单模光纤几何参数的基准测试方法,是测量光纤几何参数的典型方法。

该方法的原理是:当用空间上分布均匀的非相干光源,如朗伯光源(各辐射方向光强度都相等的点光源),照射光纤入射端面时,若光纤支持的所有模式都被均匀激励,那么从光纤端面径向进入光纤传导的光功率取决于光纤的数值孔径,数值孔径数值越大,对应光纤的光接收角也越大,最终能进入光纤传导的光能量也就越多。而从光纤出射端面出来的所有导模的光功率分布 $P(r)$ 便与光纤的折射率分布 $n(r)$ 近似。

注意:对于单模光纤,在测量得到的折射率分布曲线中,可能会出现中心凹陷的情况,这是由光纤的制造工艺导致的。早期拉制光纤的预制棒由化学气相沉积法(CVD)和改进的化学气相沉积法(MCVD)制备,拉制出的光纤中心都存在折射率凹陷,而由其他方法制备的预制棒拉制的光纤则没有这种中心凹陷情况。

本实验采用近场光分布法进行测量,通过测量光纤出射端面上导模光功率的空间分布(即近场分布)来测量光纤的折射率分布,进而确定光纤的几何参数,测试实验光路布置如图 3-3 所示。

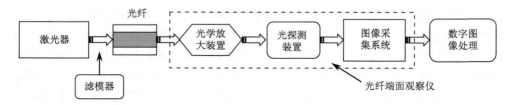

图 3-3　近场光分布法测试实验光路布置示意图

芯区为渐变折射率光纤的数值孔径为

$$\mathrm{NA}(r) = n(r)\sin\theta(r) = \sqrt{n^2(r) - n^2(a)} \tag{3-6}$$

式中,$n(r)$ 是径向距离光纤中心对称轴 r 处的折射率分布;a 是纤芯半径;$n(a)$ 是光纤包层的折射率;$\theta(r)$ 是对应的接收角。则光纤距离纤芯轴线为 r 处传导的光功率 $P(r)$ 可近似表示为

$$P(r) = P(0)\frac{\mathrm{NA}^2(r)}{\mathrm{NA}^2(0)} = P(0)\frac{n^2(r) - n^2(a)}{n^2(0) - n^2(a)} \tag{3-7}$$

式中，$n(0)$ 是光纤中心对称轴处的折射率。

从而可得

$$n^2(r) = \frac{P(r)}{P(0)}[n^2(0) - n^2(a)] + n^2(a) \tag{3-8}$$

将式(3-6)代入式(3-8)可得近似的折射率分布为

$$n(r) = \sqrt{\frac{P(r)}{P(0)}\mathrm{NA}^2(0) + n^2(a)} \tag{3-9}$$

如果光纤中的每个模式在传输过程中衰减相同，而且模式间不存在耦合，那么式(3-9)表明光纤的折射率分布与光纤传导光强的分布具有类似的变化规律，因此通过测量光纤出射端的近场光强分布 $P(r)$ 便可近似求出光纤的折射率分布 $n(r)$。

五、实　验　内　容

(1) 显微图片像素尺寸的标定。

(2) 测量多模光纤的几何参数并记录数据。

(3) 测量单模光纤的几何参数并记录数据。

六、实　验　步　骤

1. 像素尺寸标定

(1) 按照图 3-4 搭建像素尺寸标定光路。光纤一端接 FC 法兰座，另一端接光纤端面观察仪，FC 法兰座尽可能地靠近光源，通过光纤端面观察仪(图 3-5(a))上连接的视频采集卡连接到计算机。开启计算机。

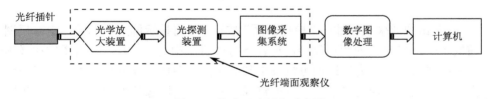

图 3-4　像素尺寸标定示意图

(2) 使用 Q9 转 AV 线，连接光纤端面观察仪和图像采集卡(黄色端口)，将图像采集卡连接到计算机上，方便用软件对图像进行数据处理。

(3) 在计算机显示屏上运行图像采集软件"honestech TVR2.5"，开启光纤端面观察仪的电源开关，此时计算机显示屏上会出现观察仪所观察到的图像，图像为模糊的灰色。此时将前端带有测微尺的光纤插针(图 3-5(b))放入观察仪接口进行像素尺寸标定，缓慢旋转调焦手轮，调焦至刻度清晰(注意：测微尺的图像有两个，一个是类似于光纤端面的图像，如图 3-6(a)所示，另一个是像素尺寸标定尺)，调焦至获得需要的清晰像素刻度尺图像，如图 3-6(b)所示，测微尺的分度值为 10μm。

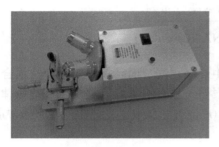 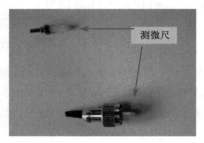

(a)多倍光纤端面观察仪　　　　　　　　(b)光纤插针

图 3-5　光纤端面观察仪和光纤插针(像素尺寸标定尺)

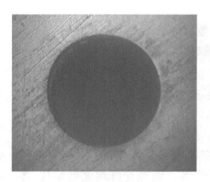 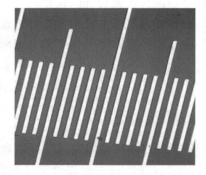

(a)光纤插针端面图像　　　　　　　　(b)清晰像素刻度尺图像

图 3-6　光纤插针测微尺图像

(4)单击图像采集软件的"捕捉画面"按钮，可将显示屏上显示的标定微尺图像捕捉下来，采集到的图片便会出现在下方的目录中(图 3-7)，右击图像在弹出的菜单中选择"另存为"选项可将采集到的测微尺图像保存下来，由此获得一张图像标定的图片；转动测微尺，可调整或改变测微尺图像的方向，重复上述步骤依次获取 5～10 张标定微尺的图片。

(5)运行"光纤几何参数测量软件"。该软件界面的第一个选项卡为"像素尺寸标定"(若不是像素尺寸标定，通过界面上方的"模式选项"按钮选择，如图 3-8 所示)。单击"加载"按钮，可将步骤(4)中采集保存的标定微尺图片进行加载，这时界面中心的黑色区域将出现选定的标定微尺图片——标定的模拟尺(图 3-9)。单击"标定"按钮，软件便会自行对模拟尺刻度进行提取，并计算出标定的系数，单位为 μm/pixel，此时记录该次的标定系数值。

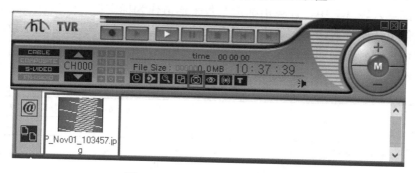

图 3-7　测微尺图像采集和保存

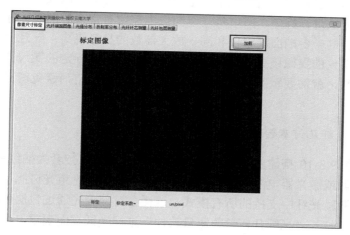

图 3-8　"光纤几何参数测量软件"界面

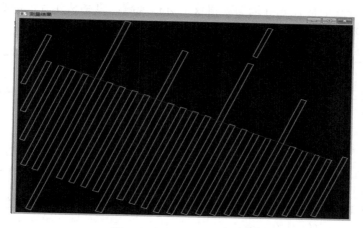

图 3-9　标定的模拟尺图片

重复上述步骤，以每十张标定图片为一组进行标定，将每次获得的图像标定系数全部填入表 3-2 中，计算出标定系数平均值作为标定值。然后继续将其他测微尺图像也依次导入，得到每组标定系数的平均值，最后将各组标定系数平均值做总平均，得到所需的最终像素尺标定值（平均值）。

表 3-2　像素尺寸标定数据记录表

名称	1	2	3	4	5	6	7	8	9	10
标定系数/(μm/pixel)										
平均值/(μm/pixel)										

在实际标定过程中，由于采集标定图像时需要转动测微尺，个别角度获取的图像软件会无法进行标定，所以每一组图像中需留有富余的图像。标定图像时所用的图像采自同一台端面观察仪和同一放大倍数的显微镜头；一旦更换端面观察仪或改变观察仪的显微镜头（放大倍数）采集图像，即所标定的微尺图像采自不同的设备或参数，就需要重新对这些图像进行像素尺寸标定，避免得出错误的标定系数。

2. 多模光纤几何参数测量

（1）按照图 3-10 搭建实验测量系统，测量多模光纤（护套为橘红色）的几何参数。开启光源或激光器电源（视为朗伯光源），让合适的光束光斑照明光纤的芯区和包层，以激励光纤中支持的所有模式，这样会有部分光通过包层传输到光纤端面（包层模）。打开"光纤几何参数测量软件"进行光纤端面观察，在观察测量光纤端面（光纤 FC 连接头）之前需用带有酒精的镜头纸将其轻轻擦拭干净，每擦拭一次后将光纤端面放在光纤端面观察仪上进行观测，直到从光纤端面观察仪上看到清晰、干净的端面图像为止，否则需要重新擦拭光纤端面。

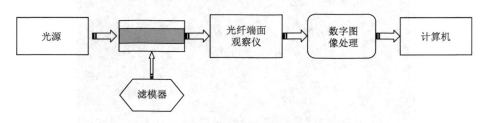

图 3-10　光纤几何参数测试流程示意图

如图 3-11 所示连接光纤两端，一端固定连接到带镜座的固定法兰上，另一端插入光纤端面观察仪上的光纤法兰接口并固定。同时，测量前需要进行绕模操作，即将待测试光纤的中段缠绕在小工字轮(滤模器)上 5 圈左右,如图 3-12(a)所示。绕模的目的是通过人为引起光纤的弯曲,显著增加光纤内导模之间的模耦合(称为扰模),以及高阶导模与辐射模间的耦合(模滤波),能有效地滤除多模光纤内激发的高阶模,增强测量的可重复性和结果的可靠性。

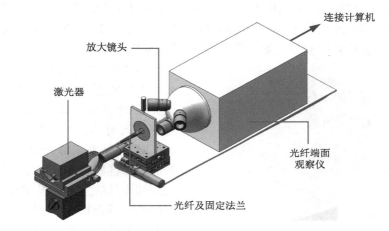

图 3-11　多模光纤几何参数测量连接示意图

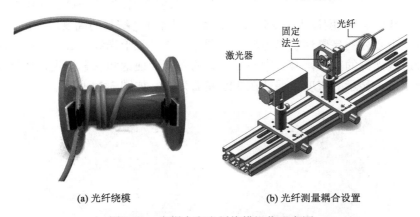

(a) 光纤绕模　　　　　　　　　(b) 光纤测量耦合设置

图 3-12　光耦合和光纤绕模操作示意图

注意:①测量多模光纤纤芯直径时,需要将包层模滤除,这样在光纤出射端采集到的近场图像才能准确反映多模光纤的纤芯参数;②测量单模光纤几何参数时,采集的近场图像是光纤的基模光场图像,根据模场直径的定义,测量时不需要滤去包层模。

(2)在手动调节光纤端面观察仪放大镜焦距的同时(调节 Z 向旋钮),观察光纤端面图像状况,直至获得最清晰的光纤端面图像,如图 3-13 所示。观察此时图像的位置，要确保图像位于画面的中心；若光纤端面图像不在画面的中心，可通过调节固定法兰上的旋钮，从 X、Y 方向移动光纤端头的位置，使光纤端头图像移动至画面中心，否则会导致后续对光纤几何参数的测量处理无法进行。观察图像位置时，可先从 5 倍的显微物镜开始，待将清晰图像调至画面中心后，将放大镜头转换至 10 倍镜头，再聚焦调节以获得位于画面中心的清晰光纤端面图像。将放大镜头切换到 20 倍镜头，聚焦微调，直至清晰的光纤端面图像仍位于画面中心为止（所有的光纤几何参数测量均基于 20 倍镜头采集的图像）。

图 3-13　清晰多模光纤端面图（光纤芯区无光时）

（3）耦合光进入光纤芯区。移动光纤 FC 法兰固定座，让其尽可能贴近光源（激光器），如图 3-12（b）所示，当部分入射的光能量耦合进入光纤芯区时，可从显示屏画面上观察到光纤的中心区域会逐渐变白。通过调节光源和光纤法兰的位置，即可改变它们间的光耦合状态（光耦合效率），以调节进入光纤芯区的光功率。观察显示屏画面，先让光纤芯区中央的光强度达到饱和状态（灰度值大于 255），然后适当调节 FC 法兰的高度或角度，使光纤端面图像中心处的亮斑形状尽可能接近圆形，并且位于光纤中心处。随后降低光源耦合进入光纤的效率，减小中心处亮斑的亮度，使饱和状态消失，但亮斑亮度不能降太低，显示的灰度值保持在 240 左右为佳，如图 3-14 所示。

（a）光纤芯区光强适宜　　　　　　　　　（b）光纤芯区光强饱和

图 3-14　多模光纤纤芯光强对比示意图

（4）采集光纤通光和不通光时的光纤端面图。在获得合适光纤芯区的亮度后（适宜的灰度值），固定测试条件，采集光纤端面图像，此时得到的图像为光纤通光时的端面图像，如图 3-15（a）所示。保持测试状态不变，关闭光源的电源，采集无光时的光纤端面图像(获得背景),如图 3-15(b)所示。注意:在这两次图像采集过程中,需维持光纤端面不动,测试条件也不能发生任何变化,否则计算时提取数据(去除背景)会出现问题,将导致测试结果不准确。

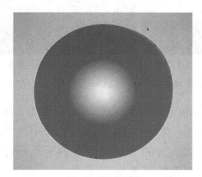

(a)　多模光纤通光 (b)　多模光纤不通光

图 3-15　多模光纤通光和不通光端面示意图

(5)开启"光纤几何参数测量软件",进入"光纤端面图像"界面,如图 3-16所示。分别加载光纤通光和不通光时的光纤端面图像,单击图像下方的"三维图"按钮,可查看通光时和不通光时的光纤端面光强三维分布图,单击"去除背景"按钮,可查看去除背景后的光纤端面光强三维分布图,如图 3-17 所示。

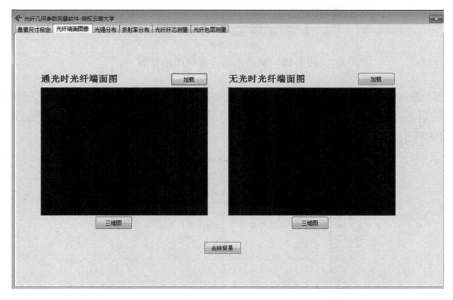

图 3-16　光纤几何参数测量软件界面

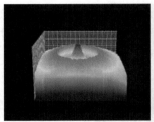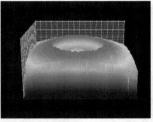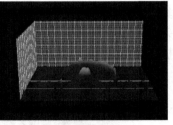

(a)光纤通光三维图　　　　　(b)光纤不通光三维图　　　　　(c)背景去除三维图

图 3-17　多模光纤端面光强三维分布图和背景去除三维图

(6)进入"光强分布"界面，通过输入标定时得到的平均标定系数，单击"计算"按钮便可得到光纤端面光强分布曲线图，如图 3-18 所示。实验中注意将光强曲线的峰值保持在 90 左右为佳，若该数值超过 100 或太大，则表明光纤端面图像亮度出现饱和，图像的显示曲线失真，需要重新采集端面图像。

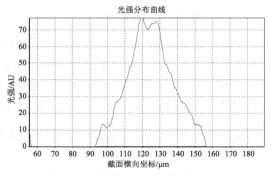

图 3-18　端面光强分布曲线示意图

(7)进入"折射率分布"界面，输入光纤数值孔径(使用的多模光纤为 0.275)和包层折射率(1.466)数据，单击"计算"按钮，得到端面折射率分布曲线，如图 3-19 所示。

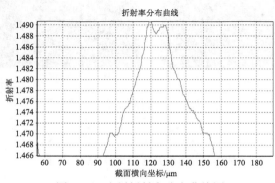

图 3-19　光纤折射率分布曲线图

　　(8)进入"光纤纤芯测量"界面，单击"边缘提取"按钮，对端面图像进行纤芯边界点的提取，随后单击"椭圆拟合"按钮，将所提取的数据点拟合成椭圆，便得到测量的多模光纤的纤芯参数，如图3-20所示。

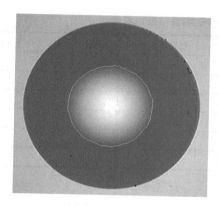

(a)光纤芯区边界点提取　　　　　　　　　　(b)光纤芯区尺寸的椭圆拟合

图 3-20　多模光纤纤芯参数测量

　　(9)进入"光纤包层测量"界面，单击"中值滤波"按钮，先查看经滤波处理后的光纤端面图像与原始图像的区别；然后单击"边缘提取"按钮，可提取光纤包层边界上相应点的数据；再单击"椭圆拟合"按钮，对这些数据点进行椭圆拟合，如图3-21所示。注意：有时软件会显示拟合出两个椭圆，这是由于光纤的包层和光纤插针之间存在一层注胶，测试光纤的包层参数，选取内部的椭圆进行计算。

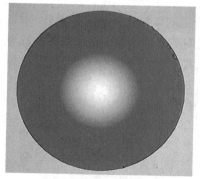
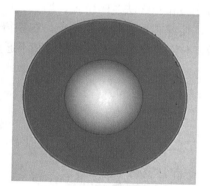

(a)光纤包层边界点提取　　　　　　　　　　(b)光纤包层边界点椭圆拟合

图 3-21　多模光纤包层参数测量

　　(10)测量结束后单击"生成报告"按钮，即可保存数据的 PDF 文件，将所得到的测量参数代入式(3-2)～式(3-5)，计算所测量多模光纤的几何参数：纤芯直径、包层直径、纤芯不圆度、包层不圆度、相对纤芯/包层同心度误差。重复测量多组光纤端面，删除误差较大的数据，保留 5 组数据到表 3-3 中，计算多模光纤几何参数平均值。

表 3-3　多模光纤几何参数测量数据记录表

次数	纤芯直径/μm	包层直径/μm	纤芯不圆度/%	包层不圆度/%	相对纤芯/包层同心度误差/%
1					
2					
3					
4					
5					
平均值					

3. 单模光纤几何参数测量

测量单模光纤几何参数的过程与测量多模光纤时的过程基本相同，均使用相同的实验装置，操作过程类似。

(1) 按照图 3-10 搭建实验测量系统，将测试的光纤更换为单模光纤(光纤护套的颜色为淡黄色或白色)，且测量过程中不需要在小工字轮上缠绕光纤(绕模)。

(2) 开启"光纤几何参数测量软件"，采集单模光纤的端面图像。注意：由于单模光纤的芯区直径小，耦合进入芯区的光少，基模光场亮度有限，需要仔细调节耦合。有时，单模光纤通光时纤芯中心会出现暗斑，这是光纤折射率中心凹陷所致，可调节光源和光纤法兰的位置，增大它们之间的光耦合效率，提高进入光纤芯区的光功率，使纤芯中心暗斑尽量小。在获得合适的单模光纤芯区亮度后，固定图像测试参数，分别采集单模光纤通光时和不通光时的光纤端面图像，如图 3-22 所示。

(a) 单模光纤通光　　　　　　　　　　　(b) 单模光纤不通光

图 3-22　单模光纤通光和不通光端面图像示意图

（3）进入"光纤端面图像"界面,分别加载光纤通光时和不通光时的单模光纤端面图像,查看通光时和不通光时的光纤端面光强三维分布图,单击"去除背景"按钮, 查看去除背景后的光纤端面光强三维分布图。

（4）进入"光强分布"界面,输入标定时得到的平均标定系数,单击"计算"按钮,并绘出单模光纤端面光强分布曲线图。

（5）进入"折射率分布"界面,输入光纤数值孔径数值(使用的单模光纤为0.14), 单模光纤包层的折射率仍然是 1.466,单击"计算"按钮,得到端面折射率分布曲线,如图 3-23 所示。单模光纤的折射率分布曲线中心处出现的凹陷便反映了单模光纤折射率中心凹陷的情况。

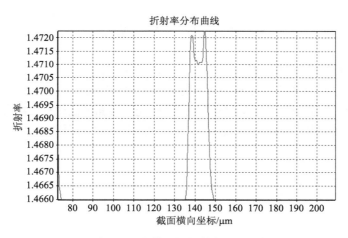

图 3-23　单模光纤折射率分布图

（6）进入"光纤纤芯测量"界面,单击"边缘提取"按钮,对端面图像进行纤芯边界点的提取,进而单击"椭圆拟合"按钮进行数据点的椭圆拟合,得到测量的单模光纤的纤芯参数。

（7）进入"光纤包层测量"界面,单击"中值滤波"按钮,先查看经滤波处理后的单模光纤端面图像与原始图像的区别;然后单击"边缘提取"按钮提取单模光纤包层边界上相应点的数据,再单击"椭圆拟合"按钮进行数据点的椭圆拟合。

（8）测量结束后单击"生成报告"按钮,即可保存数据的 PDF 文件,将所得到的测量参数代入式(3-2)～式(3-5),计算所测量单模光纤的几何参数:模场直径、包层直径、包层不圆度、相对纤芯/包层同心度误差。注意:对于单模光纤,这时测量的是单模光纤中基模的模场直径,国际上不建议测量纤芯直径和纤芯不圆度。重复测量多组光纤端面,删除误差较大的数据,保留 5 组数据到表 3-4 中,计算单模光纤几何参数平均值。

表 3-4 单模光纤几何参数测量数据记录表

次数	模场直径/μm	包层直径/μm	包层不圆度/%	相对纤芯/包层同心度误差/%
1				
2				
3				
4				
5				
平均值				

七、思 考 题

(1) 分析影响多模光纤几何参数测量精度的关键因素。

(2) 分析影响单模光纤几何参数测量精度的关键因素。

(3) 实验中为何只用 20 倍显微镜头采集的光纤端面图像进行数据提取和计算？

(4) 是否可以用其他放大倍数的显微物镜进行光纤端面图像采集？为什么？

实验 4 半导体激光器准直实验

一、引　　言

半导体激光器又称为激光二极管，其工作物质是半导体材料，是可简单地采用注入电流的方式来激励工作物质而产生激光的器件，它体积小、耗电低、工作寿命长、生产成本低，是目前实验室里用途广泛的固体激光器之一。

二、实 验 目 的

(1) 观察半导体激光器准直前后光斑的变化，理解准直的意义。
(2) 学习调节半导体激光器准直光路。
(3) 了解衍射光学元件的原理并观察不同衍射光学元件的输出图案。

三、实 验 仪 器

(1) 半导体激光器及其控制电源	1 套
(2) 四维调整架(含 10 倍显微物镜)	1 套
(3) 一维侧推平移台	1 个
(4) 衍射光学元件(五种)	1 组

四、实 验 原 理

半导体激光器以特定的半导体材料作为工作物质，通过受激发射方式产生激光辐射。具体而言，半导体激光器是在半导体物质的能带(导带与价带)之间，或者半导体物质的能带与杂质(受主或施主)能级之间，实现非平衡载流子的粒子数反转，当众多处于粒子数反转状态的电子与空穴复合时释放出多余的光能量(受激发射)，从而产生激光。由于不同半导体材料形成的 PN 结结构不同，工作物质导致半导体激光器的结构彼此有差异，常见半导体激光器的 PN 结结构有同质结、单异质结、双异质结等。在室温下工作时，同质结激光器和单异质结激光器多发射脉冲激光束，而双异质结激光器则可实现连续激光输出。半导体激光器的激励方式主要有电注入、电子束激励和光泵浦三种形式。电注入式半导体激光器常用的工作物质有砷化镓（GaAs）、硫化镉（CdS）、磷化铟（InP）和硫化锌（ZnS）等，将其制备成半导体面结型二极管，沿正向偏压注入电流进行激励，便可在结平面区域产生受激发射。光泵浦式半导体激光器常用 N 型或 P 型半导体单晶（如 GaAs、InAs、InSb 等）做工作物质，用其他激光器发出的激光作为光泵激励。电子束激励的半导体激光器多用 N 型或者 P 型半导体单晶（如 PbS、CdS、ZnO 等）做工作物质，从外部注入高能电子束进行激励。目前在诸多结构的半导体激光器中，双异质结电注入式 GaAs 二极管激光器是性能较好、应用较广的激光器。半导体激光器除体积小、重量轻和寿命长外，还具有耗电少、效率高、可高频调制（GHz）等突出的优点，并且与集成电路兼容，可与集成电路实现单片集成，所以在光存储、光通信、光陀螺、雷达、激光打印和测距等方面有着广泛的应用。

PN 结半导体激光二极管(面结型)的基本结构如图 4-1 所示，结构中 PN 结的两个端面通过晶体的解理面切割而成，由解理过程得到的这两个足够光滑的解理面便可以直接用作激光器的前后平行反射镜面，构成激光器的谐振腔。在上下电极间施加正向电压，则在 PN 结区电子与空穴复合产生激光振荡，导致激光从一侧或两侧解理面输出。

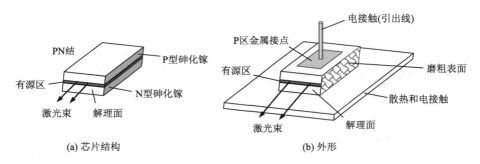

(a) 芯片结构　　　　　　　　　　　(b) 外形

图 4-1　GaAs 半导体激光器的结构示意图

半导体激光器 PN 结的面结构特征决定了其在垂直于结平面和平行于结平面方向上对光的约束性不同，造成由 PN 结发出的激光在这两个相互垂直的方向上光束的发散程度有较大差异：①两个方向上的发散角均较大，且不对称；②两个方向上激光束的束腰不在同一位置，即存在固有像散；③一个发射单元在垂直于结平面方向源尺寸很小，而在平行于结平面方向源尺寸较大。

因半导体激光器存在快慢轴，且快慢轴的发散角不一样，半导体激光器在垂直于 PN 结方向上的激光束高度发散，其发散角要远大于平行于 PN 结方向上激光束的发散角，造成半导体激光器的输出光束呈现一个扁平的椭圆形光斑，不利于激光器的使用。因此在实际应用中，绝大多数半导体激光器均需要对其光束进行准直和矫正，以期获得一个较好的激光束光斑。

五、实 验 内 容

(1)观察半导体激光器的发散角大小。
(2)准直半导体激光器，观察准直矫正后的光束光斑。

六、实 验 步 骤

1. 观察半导体激光器的发散角

(1)实验中使用的半导体激光器为未经准直的基横模半导体激光器(采用 TO 封装的 650mm 半导体激光芯片)。激光器输出的光束传播时满足高斯光束的传播特性，光斑半径随传播距离坐标按双曲线的规律扩展，在 $z = 0$ 处，光斑半径极小；对于光斑半径为有限大小的高斯光束，其远场发散角不可能为 0，所以外加的光学系统只能改善高斯光束的方向性，不能完全消除其远场发散性。由于半导体激光器快慢轴发散角自身存在的差异，实验中采用显微物镜对半导体激光器进行准直时，准直过程对快慢轴光斑的效果也不同，因此准直后的光束光斑快慢轴发散角还存在，只是较于准直前，发散角会减小很多，半导体激光器的准直如图 4-2 所示。

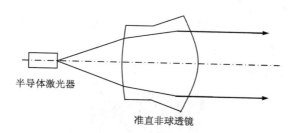

图 4-2　半导体激光器准直示意图

注意：将具有一定尺寸的半导体激光器视为点光源，根据光路的可逆性原理进行透镜设计，即考虑一束准直光经过透镜后汇聚在焦点，从而确定柱面的各个参数。在应用透镜时，将半导体激光器放在透镜焦点处，选择合适的准直镜，可以改善快慢轴发散角，获得较佳的准直效果。

按照图 4-3 装配器件并搭建半导体激光器准直实验光路。首先检查安装在夹持器上的半导体激光器是否松动，激光器与其控制电源是否已连接。

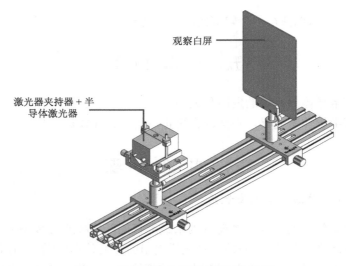

观察白屏

激光器夹持器＋半
导体激光器

图 4-3　半导体激光器光斑测试实验图

　　(2)开启激光器驱动电源。开启激光器驱动电源的开关，然后旋转驱动电源面板上的钥匙开关，看到面板上工作指示灯亮后，旋转电流调节旋钮，逐渐增大激光器的工作电流(观察电源上的输出电流显示)至电流升至约 20mA 时可在接收屏上看到有红色的激光输出，当输出电流增大至约 28mA 时停止，这时可以在接收屏上看到输出的激光亮度基本无变化(激光器阈值电流约为 20mA，最大工作电流为 35mA，最大工作电压为 2.5V)。

　　(3)改变接收屏的位置。移动接收屏，使接收屏逐渐离开半导体激光器的出光口，同时观察接收屏上激光束光斑的变化情况，根据光斑尺寸的变化估算光斑的发散程度。图 4-4 为白屏接收到的未经准直的半导体激光器的典型光斑。

图 4-4　典型未准直半导体激光器输出光斑

2. 准直半导体激光器

(1)按照图 4-5 搭建半导体激光器准直实验光路。首先检查半导体激光器是否准直，将白屏沿导轨平行滑动到距离激光器输出口较近处，通过白屏上的刻度记录此位置上光斑的坐标位置，再将白屏沿导轨平行滑至距离激光器较远处，记录此位置上光斑的坐标位置，比较这两个位置上光斑的水平坐标和垂直坐标差异，判断激光束是否向水平或垂直方向偏离。若激光束存在偏离，则可逐步调整，先使激光束处于导轨的中线上，再让激光束保持同等高度，直至沿导轨移动白屏时，观察到光斑在屏上基本保持在同一位置。完成激光器准直后，在激光器和接收屏间放入带支架的五维调整架。

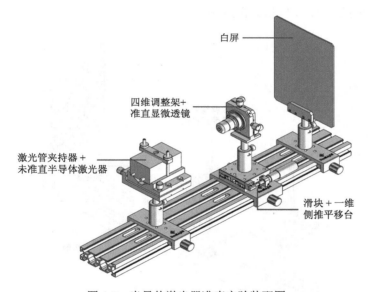

白屏

四维调整架+
准直显微透镜

激光管夹持器+
未准直半导体激光器

滑块+一维
侧推平移台

图 4-5 半导体激光器准直实验装配图

(2)显微物镜与激光束同轴。细微调整五维调整架的高度、调整架的俯仰和左右偏转旋钮，以及调整架下的一维侧推千分螺旋，使激光束进入显微物镜。观察由显微物镜出射到接收白屏上的光斑是否水平、垂直对称；出射光斑的中心是否与未放入显微物镜时激光束光斑的中心重合。若二者的中心重合，则在远离显微物镜出口的接收白屏上看到的出射光斑是基本对称、均匀的圆亮斑；否则需要重新准直显微物镜，最终让其与输入激光束同轴。

(3)准直激光光斑。暂时维持激光器和接收白屏位置不变，沿光轴方向推动五维调整架下的滑块，逐渐缩短显微物镜与半导体激光器出光口的距离，这时从接收白屏上可看到从显微物镜出来的激光束尺寸明显变小，这便初步确定了显微物镜的聚集位置。锁紧螺丝固定五维调整架下滑块的位置，仔细调节五维调整架下的一维侧推平移台(转动千分螺旋)，微调显微物镜与半导体激光器出光口的距离，直至找到出射光光斑最小的位置。重复(2)、(3)步微调，最终找到最佳的准直激光束光斑。

(4)获得准直光斑后，固定激光器的位置。移动接收白屏的位置，观察显微物镜后准直激光束光斑的变化，重点对比准直前、后激光器光斑的尺寸变化(此时激光器光斑由垂直方向变成水平方向)，体会并理解准直半导体激光器的必要性。

(5)按照图 4-6，将不同的衍射光学元件放置在五维调整架和接收白屏之间，让准直整形后的激光束照射不同的衍射光学元件：分束衍射(5×5 网格，十字线)、漩涡衍射(圆环形)、均匀衍射(平顶圆形)和点阵衍射(1×5 点阵)，观察准直激光束通过不同衍射光学元件后的衍射图样。

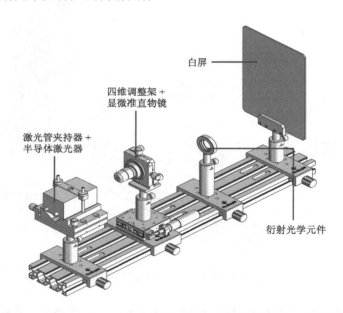

白屏

四维调整架 +
显微准直物镜

激光管夹持器 +
半导体激光器

衍射光学元件

图 4-6　半导体激光器光束整形实验图

七、思 考 题

(1)为什么要进行半导体激光束的整形？分析提高整形效果的关键途径。

(2)实验中光束的整形是否可以使用其他聚焦透镜代替显微物镜。

(3)不同衍射光学元件的用途分别是什么？

实验 5　发光二极管特性测量实验

一、引　　言

　　发光二极管(light emitting diode，LED)是一种基于半导体 PN 结制备的固体光源，大多数 PN 结由直接带隙的半导体材料制备。发光二极管具有体积小、寿命长、功耗低、效率高和成本低等特点，因此被广泛用于屏幕显示、信号指示和照明等领域。根据发光二极管所使用材料的化学构成，LED 分为有机发光二极管(organic light emitting diode，OLED)和无机发光二极管。当外界在半导体 PN 结两端加上正向偏压时，PN 结中的电子和空穴在复合过程中便能释放出能量而产生光辐射。因 LED 的半导体 PN 结厚度很薄，在此 PN 结区域里，电子与空穴复合时的空间范围受到限制，导致所产生的光辐射在空间分布上有差异。应用过程中，涉及 LED 性能评价的指标包括电参数和空间特性参数；空间特性参数包含半强度角、发散角和配光曲线等，它们是 LED 用于照明等实用场合时的重要参数。

二、实　验　目　的

　　(1) 理解 LED 的伏安特性，并学会测量其伏安特性曲线。
　　(2) 理解正向特性区、反向特性区和反向击穿区及其指标参数。
　　(3) 了解 LED 发光的半强度角及 LED 光辐射的空间分布特性。
　　(4) 学会测量 LED 的配光曲线。

三、实　验　仪　器

　　(1) LED　　　　　　　　　　　　　　　　　1 只
　　(2) 直流稳压电源　　　　　　　　　　　　　1 组
　　(3) 带旋转台及固定座的发光二极管安装支架　　1 套
　　(4) 光照度计　　　　　　　　　　　　　　　1 个

四、实 验 原 理

LED 的核心是一个由 P 型和 N 型两种半导体材料连接组成的 PN 结半导体晶片，其芯片结构和封装后的 LED 如图 5-1(a)、(b)所示。当外界对 PN 结施加正向偏压(即半导体 P 区连接电源正极，N 区连接电源负极)形成回路时，外加电场削弱了 PN 结内建电场的阻碍，N 区中的电子便在外加电场的作用下向 P 区移动，并在 P 区和空穴相遇(复合)。电子与空穴(电子-空穴对)复合时，伴随着发光(注入式电致发光)释放多余的能量，并以发射光子产生的光辐射将电能直接转换为光能。若在 PN 结上施加反向偏压，通电后的 PN 结则不会发光。

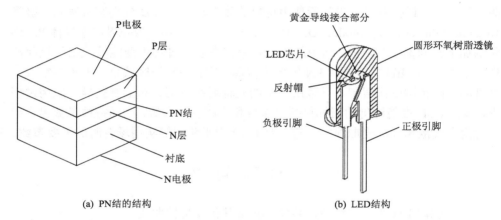

(a) PN结的结构　　　　　(b) LED结构

图 5-1　PN 结及 LED 结构示意图

构成发光二极管 PN 结的材料种类决定了半导体 LED 的发光波长，当向制作 LED 的半导体化合物中掺入不同的杂质元素(如镓(Ga)、砷(As)、磷(P)、氮(N)等)时，可以获得发射不同光波长的发光二极管，例如，砷化镓二极管发红光，磷化镓二极管发绿光，碳化硅二极管发黄光，氮化镓二极管发蓝光。LED 的发光波长取决于 PN 结电子和空穴之间的能量(带隙)宽度，改变 PN 结材料的能带结构和带隙，可使 LED 发出不同颜色的光。能量带隙越大，所产生的光子能量也越高，发出的光波长就越短。反之，能量带隙越小，则发出的光波长就越长。在可见光的频谱范围内，短波长(如紫色光)光子所携带的能量最多，长波长(如红色光)光子所携带的能量最少。LED 发光的强弱与通过 PN 结的电流大小有关，表示 LED 性能好坏的参数包括电参数和空间特性参数。

1. LED 的伏安特性

LED 是一个由半导体材料构成的单极性 PN 结二极管,是半导体 PN 结二极管中的一种,反映流过 LED 的电压-电流的关系(伏安特性),称为 LED 的伏安特性曲线,如图 5-2 所示。LED 的伏安特性给出了包括正向电压、正向电流、反向电压和反向电流等 LED 的电特性参数。LED 需要在合适的电流、电压驱动下才能正常工作,通过测量 LED 的伏安特性可以得到 LED 的最大允许正向电压、正向电流,以及反向电压、反向电流。此外,也可测定 LED 的最佳工作电功率。LED 具有单向导通性,只有处于正向偏置(正向偏压)状态时,LED 才能单方向导通,电流流过 PN 结,这时电子与空穴复合而发出单色光(电致发光效应)。LED 的门限电压和正常工作时的正向压降与 LED 的光色有关,并具有非线性的伏安特性曲线,即流过 LED 的电流与电压不成正比变化。随着外加电流的增大,发光二极管发出的光通量也增加,但光通量的增加与外加电流之间不成正比增大关系。LED 作为半导体器件,其工作状态和性能对温度很敏感,当发光二极管 PN 结的温度升高时,其输出的光通量将减少,正向电压也随之降低。图 5-2 是 LED 工作时的典型伏安特性曲线。

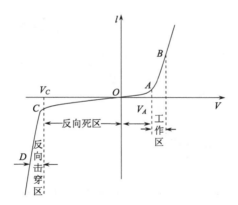

图 5-2   LED 工作时的典型伏安特性曲线

可见,LED 工作时的状态在几个不同阶段呈现显著不同的特性。

OA 段:正向死区。V_A 为开启 LED 发光的电压。例如,红色、黄色的 LED 的开启电压一般为 2.0～2.5V。

AB 段:工作区。随着外加电压的增加,工作电流将增大,LED 的发光亮度也增大。但需特别注意,在这个区段内,当正向电压增加到一定数值后,LED 的正向电压会减小,而正向电流会增大。如果没有设置保护电路加以保护,LED 会因工作电流过大而被烧坏。

　　OC 段：反向死区。给 LED 加上反向偏电压时，LED 是不发光的(不工作)，但有反向电流流过 LED 的 PN 结。这个反向电流很小，一般为几微安。

　　CD 段：反向击穿区。一般给 LED 施加的反向电压不超过 10V，表明若反向偏压过大(最大不要超过 15V)，将出现反向击穿，导致 LED 烧坏。

　　在低工作电流时，发光二极管的发光效率随电流的增大而明显提高，但电流增大到一定数值时，LED 的发光效率便不再提高；相反，其发光效率会随工作电流的增大而降低，LED 的最大工作电流便是这一临界值。反向击穿电压为二极管被反向击穿时的外加电压值。击穿时反向电流剧增，发光二极管的单向导电性被破坏，导致发光二极管过热而被烧坏。反向击穿后的 LED 不能再正常工作。

2. LED 的光强度空间分布

　　光强度的空间分布是指从光源发出的光在其周围空间的分布状况，用光强度分布函数 $I(\theta,\varphi)$ 表示。$I(\theta,\varphi)$ 给出了光源辐射强度的空间分布特性及相应的空间特性参数，光强度分布函数中反映方位的 θ 和 φ 角如图 5-3 所示。空间特性参数包括半强度角、发散角和配光曲线等，它们是 LED 应用于照明时的重要参数。

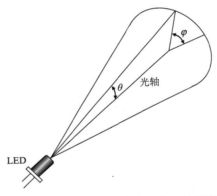

图 5-3　光强度空间分布角 θ 和 φ 的定义

　　以光源为极坐标原点，光轴线为 0°轴，在通过坐标原点和光轴线的平面上，取极坐标的长度为光源的发光强度(cd)，这样连接各方向极坐标的端点描出的光强随角度 θ 的变化 $I_V(\theta)$ 所形成的曲线为光强度分布曲线(光强度归一化)，也称配光曲线 (光源发出的光在空间的分布情况)。由于 LED 的 PN 结区域很薄，电子与空穴在复合时的空间范围受到限制，从而由 LED 发出的光辐射在整个空间中的分布有差异，导致向外部各方向出射的光强度不均匀。对于一个理想的 LED 光源，其配光曲线在 $\theta = 0°$ 时展现的光强度最大，在其他方向光强随着 θ 的增大而减小，如图 5-4 所示。

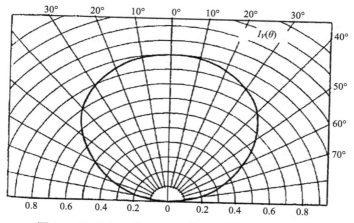

图 5-4   典型 LED 的配光曲线(光强度空间分布曲线)

LED 在生产过程中,无法避免存在的制造误差,成品 LED 的光轴(发光或辐射强度最大方向的中心线)和其机械轴实际存在一定差异,彼此一般不重合,二者间的夹角称为 LED 的光轴偏向角,如图 5-5 所示。LED 机械轴与光轴间不重合,直接导致 LED 发出的光辐射和能量在其周围空间分布不均匀,对于常规的 LED,其机械轴和光轴一般会偏差 5°或更多。

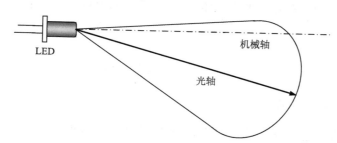

图 5-5   LED 机械轴与光轴示意图

根据光强度空间分布曲线,可定义光源的半强度角与发散角,如图 5-6 所示。设 LED 沿光轴方向发射的光强为 I_{max},光强降为 $I_{max}/2$ 时的方向与光轴方向的夹角称为半强度角,半强度角的 2 倍称为光源的发散角(半功率角)。当一个光源的发光强度均匀分布时,在光轴两边的半强度角是相等的。

此外,LED 的空间光强分布还与其不同的封装形式有关,不同的封装形式(包括支架、模粒头、环氧树脂中是否含有散射剂等)均会使 LED 的发光强度分布产生较大变化。实际应用中,为使 LED 芯片发出的光子都能有效地成为向外的光辐射,LED 多采用圆柱、圆球形模粒头封装。因圆球形模粒头的凸透镜作用,封装后 LED 的发光强度便具有很强的指向性,其发光强度与角度高度相关。若要进一步提高 LED 发光强度的指向性，对于不同的封装形式(支架、模粒头、环氧树脂等)，首先须让 LED 芯片的位置离模粒头稍远一些，改用圆锥状(子弹头)的模粒头，且在封装的环氧树脂等中不添加散射剂，最终获得发光强度的高指向性角分布。

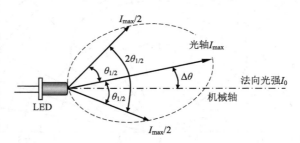

图 5-6　光强度空间分布的半强度角与发散角

五、实 验 内 容

(1)测量 LED 光源的伏安特性，体会 PN 结正反向偏压对 LED 光源工作的影响。

(2)观察 LED 光源发光的整体光强分布，测量其配光曲线、半强度角与发散角。

六、实 验 步 骤

1. LED 伏安特性的测量

(1)伏安特性正向区测量。按照图 5-7 连接高精度直流稳压电源 A(规格为60V，2A)和 LED，使 LED 正向偏置。让电源输出的正极接 LED 的正极(长引脚为正极)，电源输出的负极接 LED 的负极(短引脚为负极)，仔细调节电源旋钮，缓慢增大直流稳压电源的输出电压。同时观察 LED 的发光情况，根据其光强变化记录直流稳压电源上的输出电压和电流显示数(光强度变化大时，应减小电压的增

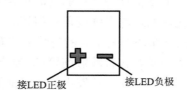

图 5-7　直流稳压电源连接示意图

加幅度，以保证能记录足够多的实验数据点)，将测量的数据填入表 5-1。当稳压电源的输出电压升至 LED 的光强不再有明显增大时，即停止增加电压(输出电流不超过 200mA)，否则将烧坏 LED。

表 5-1　电压和电流变化

电压(正向)							
电流(正向)							
电压(反向)							
电流(反向)							
反向击穿电压							

(2)伏安特性反向区测量。按照图 5-8 将 3 个规格相同(30V，2A)的直流稳压电源(B、C、D)串联起来，让 LED 呈反向偏置(电源组的负极连接 LED 的长脚)，缓缓增加电源电压(先增大电源 B，待 B 增至最大后，再继续增大电源 C，最后是电源 D，依次类推)，记录直流稳压电源上的电压和电流显示数，将测量数据填入表 5-1。同时仔细观察 LED 的发光状况，当 LED 突然出现瞬间的闪光时即停止加压，记录此时的反向电压。此时 LED 刚好被反向击穿，相应的电压值即 LED 的反向击穿电压。

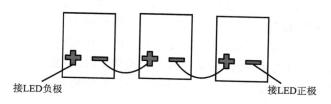

图 5-8　直流电源组连接示意图

(3)单独用电源 A 再次正向偏置连接 LED(此时不需要串联电源)，观察被击穿后的 LED 是否还能够发光(正常工作)(参照步骤(1)取得的 LED 工作电压数据)。

(4)根据表 5-1 记录的实验数据，绘出完整的 LED 正向、反向的伏安特性曲线，并进行对比。

2. LED 配光曲线、半强度角与发散角的测量

测量 LED 光源的配光曲线时，常用测量光强空间分布曲线的方法是使用一个光照度探测器，选择 LED 光源不动，光照度探测器围绕 LED 光源旋转扫描；或者选择光照度探测器不动，让 LED 光源围绕光照度探测器的固定中心点旋转照射。

(1)按照图 5-9 搭建测量光路，采用让 LED 光源围绕光照度探测器旋转扫描的方式。首先将 LED 的引脚正确插入安装座上的电极孔，使其正向偏置并固定在带旋转台的支架上，安装 LED 时让 LED 的发光面尽量处于转轴的中心(支杆中心)，并与光照度计探头等高度，将光照度计放置在距离 LED 约 10cm 的位置，保证光发射方向尽可能与光照度计探头平面垂直，使探头接收到足够的光强。

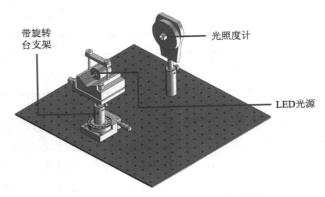

图 5-9　LED 空间特性测量装置示意图

(2)开启高精度直流稳压电源 A(规格为 60V，2A)，缓慢增大输出电压点亮 LED(避免过高电压)，同时观察光照度计显示的读数，慢慢转动千分螺旋以转动旋转台，以改变 LED 的方向。待光照度计的读数至最大，表明此时 LED 的指向为 LED 的光轴方向，记录此时的光照度计最大值读数(设置为 $I = 100\%$)。

(3)顺时针(角度为正)慢慢转动旋转台，改变 LED 的发光指向，同时观察光照度计探测的 LED 发光强度值，当光照度计光强度值每降低 10% 时记录一次角度，将角度填入表 5-2 中。

表 5-2　配光曲线测量

强度	100%	90%	80%	70%	60%	50%	40%	30%	20%	10%	0
角度(正)											
强度	100%	90%	80%	70%	60%	50%	40%	30%	20%	10%	0
角度(负)											

(4)反向转动旋转台，让 LED 返回光轴的方向，即光照度计重新回转到读数最大时的角度。继续反向转动旋转台，当光照度计光强度值每降低 10% 时记录一次角度，将角度填入表 5-2 中。

(5)根据表 5-2 中的测量数据，进行归一化处理后画出 LED 光源的配光曲线，计算此 LED 光源的发光强度分布的半强度角与发散角。

七、思　考　题

（1）从测量的 LED 伏安特性曲线可看出此 LED 光源有什么特点？是否所有 LED 光源的伏安特性曲线都一样？

（2）实验中为什么不采取均匀地增加电压值的方法记录相应的实验数据？

（3）为使 LED 发出的光传输得更远一些，应增大还是减小 LED 的发散角？为什么？

（4）用 LED 做广告显示屏时，为让观众观察显示屏的范围更大一些，应如何根据配光曲线选择合适的 LED？

实验 6 氦氖激光器偏振及发散特性实验

一、引 言

激光具有亮度高、方向性好、单色、高相干性等特点，激光器通常由工作物质(增益介质)、光学谐振腔和激励(泵浦)系统三个基本部分组成。氦氖激光器是人类发明的第一种气体激光器，其售价低、制造简便、体积小、单色性好，且寿命长、可靠性高，因而用途广泛，是实验室里最常用的激光器之一。

二、实 验 目 的

(1)了解 He-Ne 激光器的基本工作原理及其偏振特性。
(2)学会判断并测量激光器的偏振状态(以半外腔式 He-Ne 激光器为例)。
(3)测量 He-Ne 激光器(高斯光束)的发散角及光斑参数。

三、实 验 仪 器

(1)半外腔式 He-Ne 激光器	1 套
(2)线性偏振片	1 个
(3)CMOS 相机	1 台
(4)光功率计	1 台
(5)台式计算机	1 台
(6)衰减片	1 片
(7)可变光阑	1 个

四、实 验 原 理

氦氖(He-Ne)激光器发明于 1960 年，属于"四能级系统"光源；它连续发射激光，输出的典型激光功率为数毫瓦，有的氦氖激光器的输出功率可高达几十毫瓦，相干长度一般为十多厘米，也可达数米乃至数十米。氦氖激光器的工作物质是被封装在激光器石英管中有一定压强的氦氖气体(氦气作为辅助气体)，氦氖气体按合适比例混合(气压比为 5∶1～7∶1)。在电子振荡器的激励下，混合氦氖气体中的氦原子在电场的加速下获得动能，借助与氖原子发生的非弹性碰撞，运动的氦原子将自身的能量传递给氖原子，使氖原子跃迁至高能态，从而氖原子形成高能态相对低能态的粒子数反转分布，随后通过受激辐射过程，氖原子发出不同波长的激光。氦氖激光器所发射出的激光波长最为常见的是在可见光波段的632.8nm 波长，其他还有不常用的 1.15μm、3.39μm 两个波长。

根据氦氖激光器光学谐振腔的结构形式，氦氖激光器可分为内腔式(图 6-1)和外腔式(图 6-2)两大类。内腔式 He-Ne 激光器的腔镜(前后反射镜)均固定封装在激光放电管的两端，谐振腔长度固定，激光器运行中谐振腔长度不可调整。而外腔式 He-Ne 激光器的激光放电管(两端均由布儒斯特窗片密封)、部分反射镜(输出镜)及全反镜则安装在调节支架上,调节支架能改变输出镜与全反射镜之间的平行度及谐振腔腔长。半外腔式 He-Ne 激光器(图 6-3)的输出镜固定在激光放电管一端，放电管的另一端用透明的布儒斯特窗片密封，全反镜则安装在激光放电管外的支架上，从而激光器谐振腔长度也可以改变。由于激光器谐振腔长度可调，且装有布儒斯特窗，外腔式、半外腔式 He-Ne 激光器的频率是可变的，且输出激光是偏振的；而内腔式 He-Ne 激光器的频率是固定的，输出的激光则是非偏振的。

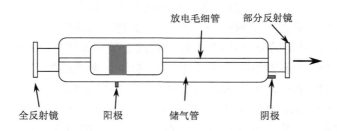

图 6-1　内腔式氦氖激光器结构原理图

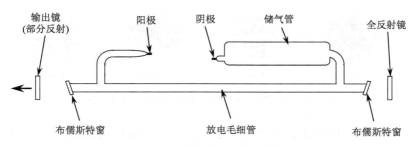

图 6-2　外腔式氦氖激光器结构原理图

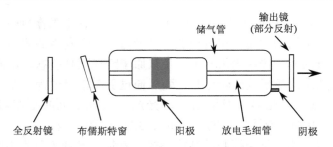

图 6-3　半外腔式氦氖激光器结构原理图

　　调节支架能调节输出镜与全反射镜之间的平行度，使激光器工作时处于输出镜与全反镜相互平行且与放电管垂直的状态。在激光管的阴极、阳极上串接着镇流电阻，防止激光管在放电时出现闪烁现象。

　　放电管的右端和输出镜封接，左端是一个布儒斯特窗，偏振平行于入射面的光（P 偏振）无损耗地通过布儒斯特窗，因此输出光为平行于入射面的线性偏振光。调节前后反射镜严格平行，则激光器出光。

　　氦氖激光器激励系统采用开关电路的直流电源，当形成稳定的激光振荡后，输出的是功率分布确定的激光振荡模式（由激光器的谐振腔长、放电毛细管粗细、内部损耗等决定）。任何一个激光模式都涉及光束质量的两个方面（单色性和方向性），它既是纵模（描述沿谐振腔轴向的稳定光波振荡（轴向光场分布状态），关乎激光的单色性），又是横模（描述谐振腔内垂直于激光传播方向的两个正交方向的稳定光场分布（横向分布状态），关乎激光方向性）。激光的模式用 TEM_{mn} 标记，m 和 n 是横模的序数；激光器沿轴向出射取为直角坐标系的 Z 轴，m 是沿 X 轴方向场强为零的节点数，n 是沿 Y 轴方向场强为零的节点数。$m = n = 0$ 的模式（TEM_{00}）称为基横模或基模，其光束发散小，方向性最好。TE 模指传播方向上没有电场分量，TM 模指传播方向上没有磁场分量。典型横模的输出光强如图 6-4 所示。

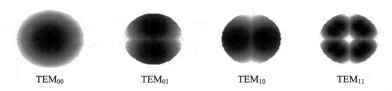

图 6-4　轴对称分布的几种常见基本横模光斑图样

　　一个单模激光器常指以基横模又是单纵模工作的激光器（即指激光器输出只有一个波长，光束发散最小，横截面上只看到一个光斑），但以基横模工作的激光器可以同时是多纵模的。激光器通常情况下输出的是多横模，由图 6-4 可以看出（理论上也可证明）基模（TEM_{00}）工作的激光器输出光场的分布为

$$E(x,y,z,t) = E_0 \frac{\omega_0}{\omega(z)} e^{-jk(x^2+y^2)/2R(z)} e^{-(x^2+y^2)/\omega^2(z)} e^{-j[kz-p(z)-\omega t]} \tag{6-1}$$

式(6-1)给出的单模激光器横截面上的光强度分布近似为一个高斯函数,故单模激光器发出的激光束也称高斯光束。ω_0 为基模高斯光束的腰斑半径,是高斯光束光斑半径的最小值(定义为光场振幅从中心处减小到最大值的 1/e 的距离 $r = \sqrt{x^2+y^2}$);高斯光束是激光输出模式中最典型、有重要实际应用的激光束。式(6-1)中,参数 $\omega(z)$、$R(z)$ 和 $p(z)$ 定义为

$$\omega(z) = \omega_0 \sqrt{1 + (z/z_0)^2}, \qquad R(z) = z + z_0^2/z, \qquad p(z) = \arctan(z/z_0) \tag{6-2}$$

分别表示高斯光束的光斑半径、等相面曲率半径和相位因子,它们是描述高斯光束的三个重要参数。$z_0 = \pi \omega_0^2 z / \lambda$ 为瑞利长度或共焦参数,在远场观察到的高斯光束发散角 θ_0 与束腰半径 ω_0 的关系(图 6-5)为

$$\theta_0 = \frac{2\lambda}{\pi \omega_0} \tag{6-3}$$

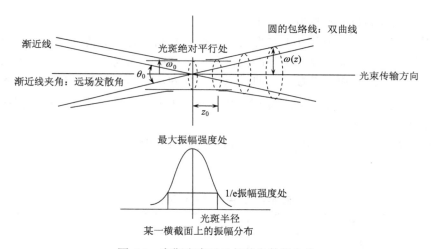

图 6-5　高斯光束以及相关参数的定义

高斯光束的特点如下。

(1)高斯光束的发散角随传播距离增大而非线性增大;当 $z = \pm z_0$ 时,$\omega(z) = \sqrt{2}\omega_0$,光斑半径增加到 $\sqrt{2}$ 倍。$0 \leqslant z \leqslant z_0$ 的区域定义为光束准直区,在实际应用中,常取 $z = \pm z_0$ 范围为高斯光束的准直范围,即高斯光束在这段长度范围内被近似认为是平行的,如图 6-5 所示。

(2)在束腰处,发散角为 0°;在无穷远处,发散角最大。

(3)ω_0 越大,则远场发散角越小。因此,为减小光束的远场发散角,可采用

光学变换的方法，增大高斯光束的束腰。

（4）高斯光束在空间传播过程中，其振幅和强度保持高斯函数分布，如图 6-6 所示。

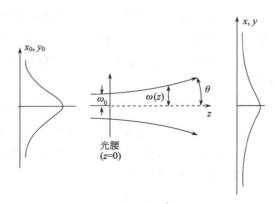

图 6-6　高斯光束的传播

高斯光束参数的测量方法如下。

根据 ISO 11146-1—2021 文件要求，在测量高斯光束的传播参数时，沿高斯光束传播轴，至少需要在十个不同位置上测量高斯光束光斑直径，然后用双曲线拟合的方法求出光束的参数。双曲线拟合方程为 $d^2(z) = A + Bz + Cz^2$（d 为光斑直径）。这些测量位置半数应位于束腰两侧一倍瑞利长度之内，其他测量位置在超过一倍瑞利长度之外。

拟合求解出常数 A、B、C 以后，可通过表 6-1 中的公式计算得到相应的光束参数。

表 6-1　光束参数的计算公式

参数	计算公式
束腰位置	$z_0 = -B / (2C)$
束腰宽度	$\omega_0 = \sqrt{A - B^2 / (4C)}$
远场发散角	$\theta = \sqrt{C}$
光束传输因子	$M^2 = \dfrac{\pi}{8\lambda} \sqrt{4AC - B^2}$
瑞利长度	$Z_R = \dfrac{1}{2C} \sqrt{4AC - B^2}$

五、实 验 内 容

(1) 测量半外腔式氦氖激光器(632.8nm)输出激光的偏振状态。

(2) 测量半外腔式氦氖激光器(632.8nm)输出激光的发散特性。

六、实 验 步 骤

1. 激光器偏振状态测量

(1) 如图 6-7 所示,布置整个实验,开启氦氖激光器,首先检查氦氖激光器是否已准直。将白屏沿导轨平行滑动到距离激光光源出口附近处,通过白屏上的刻度记录第一次光斑的坐标位置(水平坐标 x_1、垂直坐标 y_1,如图 6-8 所示);再将白屏沿导轨平行滑到距离激光较远处,记录下第二次光斑的坐标位置(x_2, y_2)。若 $x_1 \neq x_2$,表明光源在水平方向偏离光源轴心,偏离方向为由 x_1 指向 x_2。同理可通过 y 坐标值判断光源在垂直方向的偏离方向。若激光器已准直,则跳过步骤(2)。

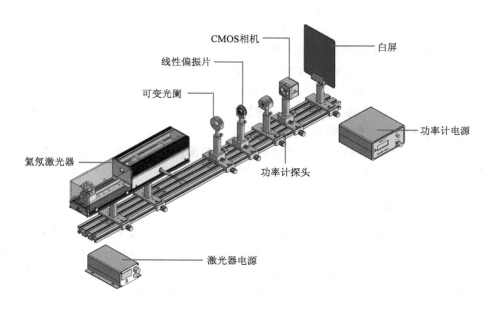

图 6-7 实验装置示意图

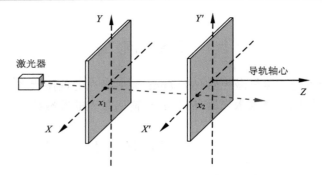

图 6-8　根据光屏坐标的位置准直激光束

(2)若激光器没有准直，即光源的出射光线没有水平、等高沿导轨中线传输，则微调氦氖激光器调节架上的螺丝纠正光源的偏离。首次纠正完成后，将白屏沿导轨平行滑动到离光源较近处，重复上述步骤，直到 x_1 与 x_2，y_1 与 y_2 无限接近甚至相等，此时由激光光源出射的激光与导轨平行，并沿导轨中线传输，完成光源准直。

(3)在氦氖激光器光输出端后面依次放入带支架的可变光阑、偏振片、光功率计探头和 CMOS 相机，以准直后的激光束为基准，分别调节偏振片、光功率计探头和 CMOS 相机的支架高度，使激光器、可变光阑、偏振片、光功率计探头和 CMOS 相机基本处于同一水平线上。然后使各个器件同轴等高(为了确保同轴等高，各个器件的反射光斑应该和激光入射光束基本重合)。

(4)取下或后移可变光阑、CMOS 相机和白屏，在激光器光输出端和光功率计探头之间放入带支架的线性偏振片(图 6-9)，让偏振片上的刻度 0°处于 12 点位置，从 0°开始(偏振光的起偏方向)旋转偏振片，每旋转 5°从光功率计记录一组相应的激光功率数据，直至转动 360°结束。

(5)用 Excel 软件做出激光器输出光强度随偏振片旋转角度变化的实验测试图，判断该 He-Ne 激光器输出的是何种偏振光。

2. 激光器发散特性测量

(1)撤去线性偏振片、光功率计探头和白屏，换装上可变光阑和 CMOS 相机，使激光器的光束能够通过可变光阑垂直射到相机靶面上，并且使相机反射回去的光斑与原光斑基本重合。通过适当缩小光阑孔除去杂光，必要时安装衰减片以适当降低入射激光的强度，避免 CMOS 相机探测饱和(图 6-10)。

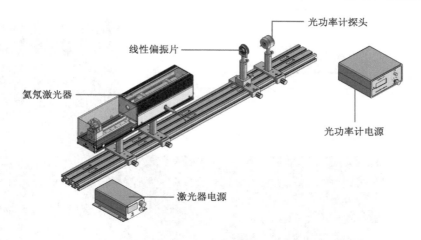

图 6-9　激光器线性偏振实验装置示意图

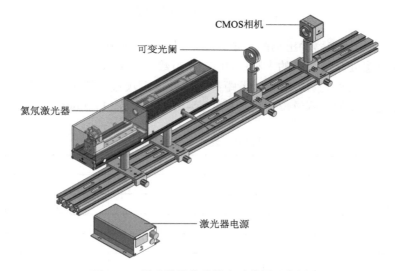

图 6-10　激光器发散特性实验装置示意图

　　(2) 开启测量软件,将像素大小设置为 3.750μm,同时单击"自动"按钮,CMOS 相机会根据光斑的亮度确定一个合适的曝光时间。单击"运行"按钮,再单击"显示积分剖面图"及"显示三维图"按钮,就能看到水平方向和垂直方向的强度分布图以及一个整体的光强分布的三维图,典型软件界面如图 6-11 所示。若入射光强太强,则须再插入偏振片,转动其偏振方向进一步降低入射光强度,以获得 CMOS 相机可测量范围内的光强。获得合适的测量结果后,单击"停止"按钮,记录数据。

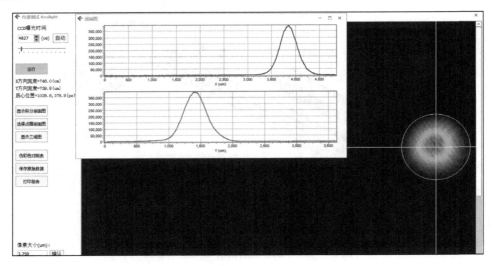

图 6-11　光斑测量效果示意图

（3）从靠近激光器输出端的位置开始，以 30～40mm 为间隔，测量在 CMOS 相机不同位置处光斑半径的大小；测量 16 组数据，填入表 6-2 中（注意：相机口到相机靶面的距离为 17.5mm，近距离可以通过钢尺进行测量，远距离可借助导轨的刻度进行读数，测量位置为相机坐标–出光口坐标+17.5mm）。

表 6-2　光斑宽度的测量

测量位置/mm							
水平宽度/μm							
垂直宽度/μm							
测量位置/mm							
水平宽度/μm							
垂直宽度/μm							

（4）观察 CMOS 相机每幅照片的光斑宽度以及光强分布。

（5）将测量得到的 16 组光斑宽度数据输入到光斑分析软件里（输入数据时注意单位统一），即可对光斑水平方向和垂直方向的光斑宽度进行分析。

（6）根据实验中所测量的激光器，在软件中选择对应的激光波长（如实验中使用的氦氖激光器波长为 632.8nm），单击"拟合曲线并计算参数"按钮，便得到拟合的双曲线以及光斑参数：束腰位置、束腰宽度、远场发散角、光束传输因子以及瑞利长度等数据，软件界面如图 6-12 所示。

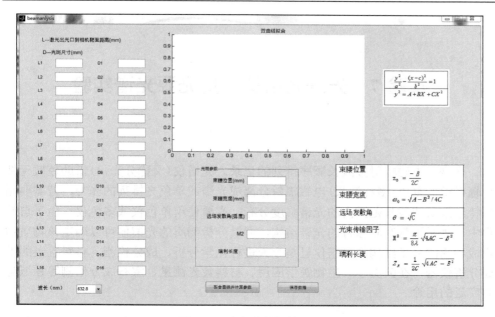

图 6-12　光斑分析软件界面

(7)将实验测到的激光器光斑参数填入表 6-3，与氦氖激光器的理论数据进行对比。分析引起误差的原因(氦氖激光器的理论束腰位置位于激光器出光口向里约 20mm 处，束腰宽度约为 0.59mm)。

表 6-3　光束参数测量

束腰位置	
束腰宽度	
远场发散角	
光束传输因子	
瑞利长度	

七、思　考　题

(1)激光器主要由哪几部分构成？氦氖激光器具体指的是什么？

(2)实验中使用的激光器输出的是什么偏振光？为什么？

(3)为何测量时 He-Ne 激光器应与 CMOS 相机保持足够远的距离？

实验 7   光纤光谱仪测量光源光谱实验

一、引　　言

光谱是电磁辐射按波长顺序排列的记录。光谱仪(又称分光仪)借助色散元件将辐射源的复色(多种波长)电磁辐射分离成光谱或单色光排列的光带,若需要测量特定波长或波长范围内的光谱强度分布,需要使用单色仪或多色仪。由于自然界中每种元素都有其独特的光谱结构,通过分析物质的光谱便可以确定该物质的组成和它的分子结构。光谱仪已是今天进行化学分析、成分检测、材料鉴定的重要分析仪器,在天文学、生物医学应用、材料荧光测量、宝石成分检测等领域有着广泛的用途。

二、实 验 目 的

(1)了解光纤光谱仪的工作原理,学会使用光纤光谱仪。
(2)观察并记录常见钠灯、汞灯的发光光谱。
(3)借助氢-氘灯的发光光谱,测定里德伯常量。

三、实 验 仪 器

(1)USB4000 微型光纤光谱仪　　　　　1 个
(2)输入光纤　　　　　　　　　　　　1 根
(3)低压汞灯、钠灯及其驱动电源等　　各 1 套
(4)台式计算机　　　　　　　　　　　1 台

四、实 验 原 理

1. 光源与光谱

光源所发出的光谱称发射光谱,由不同物质或不同发光机制作的光源将发射不同的光谱。根据获取电磁辐射方式的不同,光谱分为发射光谱或吸收光谱。自然界中物质的发射光谱有多种,分为线光谱、带光谱和连续谱,例如,白炽灯等

炽热的固体、液体和高压气体发射的光谱为连续谱；汞灯、钠灯、氢灯等单原子气体(或金属蒸汽)放电时发射的光谱为分立的线状光谱(又称原子光谱)；分子气体、液体或固体的发射光谱多为带光谱(又称分子光谱)。光谱的重要性在于它与物质的原子、分子结构密切相关，研究不同物质发射或吸收光的光谱技术是研究原子、分子结构的重要途径之一。根据光源发出的光的波长，光谱大致可以分为三个类别：波长小于 390nm 的为紫外线，波长在 390~760nm 的为可见光，波长大于 760nm 的为红外光。

2. 氢原子光谱

根据量子理论，通常原子所处的稳定状态是基态(能量最低的能级，能量为 E_0)。若外界给予原子一定的能量，可使原子最外层的电子暂时跃迁到能量较高的能级(激发态，能量为 E_n)，这样原子便处于激发状态。原子处于激发状态的时间很短，经过约 10^{-8}s 就会通过跃迁自行返回至低能态(E_m)或基态，同时以光的形式释放出多余的能量，这就是自发辐射。用光谱仪直接接收自发辐射即可看到原子的发射光谱。

电磁辐射的最小单元是光子，它的能量为 $h\nu$ (h 是普朗克常量，ν 是辐射光的频率)。根据能量守恒定律，原子在两个能级 E_m 和 E_n 间发生跃迁时($E_n > E_m$)，只能发射或吸收频率满足一定条件的特定单色电磁辐射(玻尔频率条件)：

$$h\nu = E_n - E_m \tag{7-1}$$

元素光谱中最简单的是氢原子光谱，氢原子光谱的一般特点如下。

(1)光谱是线状的线光谱，每根光谱线处于一定的位置，即有确定的、彼此分立的波长值。

(2)谱线之间有一定的关系。例如，谱线构成一个谱线系(氢原子光谱有莱曼线系、巴耳末线系、帕邢线系、布拉开线系和普丰德线系等)的各个波长可用一个公式表达：

$$\frac{1}{\lambda} = R_H \left(\frac{1}{m^2} - \frac{1}{n^2} \right) \tag{7-2}$$

式中，$R_H = 1.0967758 \times 10^7 \text{ m}^{-1}$ 为里德伯常量。

(3)每一根光谱线的波数可以表示为两个光谱项之差：

$$\frac{1}{\lambda} = T(m) - T(n) \tag{7-3}$$

式中，$T(m) = \dfrac{R_H}{m^2}$，$T(n) = \dfrac{R_H}{n^2}$ 称为光谱项($m < n$，m、n 都是正整数)。

氢原子光谱的这 3 个特点也是所有原子光谱具有的共性，原子光谱间的差异之处在于不同元素原子的光谱项具有不同的形式。

对于氢原子光谱的巴耳末线系，其各波长可用式(7-4)表示，谱线的间隔和强度都向短波方向递减。

$$\frac{1}{\lambda} = R_H \left(\frac{1}{2^2} - \frac{1}{n^2} \right), \quad n = 3, 4, 5, \cdots \tag{7-4}$$

3. 光谱仪

光谱仪是光谱学测量中的主要测量仪器，它是利用色散元件(三棱镜或光栅)将多波长成分的光分解为单色光排列的光带(光谱线)的科学仪器，测量入射光在各个波长(频率)的强度，色散元件是光谱仪的核心部件。根据光谱仪使用的色散元件不同，光谱仪可分为棱镜光谱仪、光栅光谱仪、干涉光谱仪等，其中，最常用的光谱仪是使用光栅分光的光谱仪。表征光谱仪性能的主要特性参数有光谱范围、色散率、带宽和分辨本领。光谱仪与计算机相结合，结合人工智能技术，实现自动检测分析是当今光谱实验技术的新发展。

光栅光谱仪由光栅单色仪、接收单元、扫描系统、电子放大器、A/D 采集单元、计算机组成，其分光器件是光栅，光栅是光谱仪的核心，它的性能直接影响光谱仪整个仪器系统的表现。光栅可分为刻划光栅、复制光栅、全息光栅等。刻划光栅是用钻石刻刀在涂有薄金属层的表面上机械刻划而成，复制光栅是用母光栅复制而成，典型的刻划光栅和复制光栅的刻槽是三角形的。全息光栅是通过激光干涉在光敏材料涂层上产生一系列均匀的干涉条纹(光刻)后溶蚀而成。全息光栅的槽形近似为正弦波形，获得的光栅线槽密度高，画面宽度大。刻划光栅的衍射效率高，全息光栅没有鬼线，杂散光少，光谱范围广，光谱分辨率得到很大提高。

光栅光谱仪常使用反射式衍射光栅，即光栅的表面上涂有一层高反射率的金属膜，它可以是平面、凹面光栅。光栅的分光原理为：当含有多波长的光入射到光栅表面时，透过光栅表面沟槽的光相互作用产生衍射和干涉，对于某一特殊波长的光，它的衍射光在大多数方向消失，只在某个特定的方向出现，这些方向决定了衍射的级次及相应的衍射角。若光栅垂直于光的入射平面，入射光与光栅法线间的夹角(入射角)为 α，经过光栅后衍射光的出射方向与光栅法线间的夹角(衍射角)为 β，如图 7-1 所示，m 为衍射级次，d 为刻槽间距，则获得干涉极大值的方向满足光栅方程条件：

$$d(\sin\alpha + \sin\beta) = m\lambda, \quad m = \pm 0, \pm 1, \pm 2, \cdots \tag{7-5}$$

根据光栅方程，对于给定的出射方向 β，可以有几个不同的波长与不同的衍射级次 m 满足光栅方程。对于相同的级次而言，不同的波长在不同的 β 方向展开分布，衍射的级次 m 可正可负。光栅将同一波长的衍射光集中到某一特定的级次上。若多波长的辐射光入射方向固定，通过旋转光栅改变光的入射角 α，则可以

在 β 不变的方向接收到不同波长的出射光，这就是使用光栅测量光谱的原理。

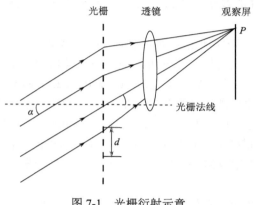

图 7-1　光栅衍射示意

4. 微型光纤光谱仪

典型的微型光纤光谱仪的结构如图 7-2 所示，主要部件有：①SMA905 光纤接口；②入射狭缝；③长波通滤光片；④准直镜(凹面反射镜)；⑤光栅；⑥聚焦镜(凹面反射镜)；⑦探测器聚光透镜；⑧部分镀膜的滤光片；⑨、⑩检测器(一般是 CCD)。光纤光谱仪集光学、精密机械、电子学、计算机技术于一体。待测的输入光经光纤(接在 SMA905 光纤接口)导入，经过入射狭缝和长波通滤光片后被准直镜准直(接近平行光)，然后照射到光栅上。光栅(色散元件)把入射的复色光根据波长衍射到不同的角度，即不同波长的光经光栅分离后从不同角度出射，然后被聚焦镜汇聚到光检测器表面。根据需要，传感器前还有可能放置额外的会聚镜或滤光片。光纤光谱仪的核心部件是入射狭缝、衍射光栅和检测器，它们决定了光纤光谱仪的主要性能指标。

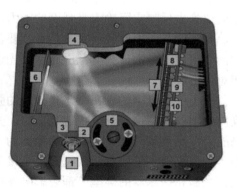

图 7-2　典型的微型光纤光谱仪的结构

1）光纤光谱仪的性能参数

光谱仪的主要性能参数有波长范围、光谱分辨率、灵敏度、信噪比、动态范围、采样速率。

（1）波长范围：光谱仪所能测量的光信号波长区间。

（2）光谱分辨率：光谱仪能够分辨的最小波长差值或间隔，是一个光谱仪最为重要的技术参数，它一般以半峰全宽值（full width half maximum，FWHM）表示。

（3）灵敏度：能被光谱仪检测到的光信号最小能量，它涉及光谱仪的光通量与光检测器的光感应灵敏度，即光谱仪的狭缝宽度和制造光检测器材料的特性。

（4）信噪比：光谱仪的光信号能量水平与噪声水平的比值。

（5）动态范围：光谱仪能测量的最大与最小光信号能量之比，常用分贝数作为单位。

（6）采样速率：在输入光信号功率一定的条件下，光谱仪完成整个信号光谱图测量所需的时间，反映光谱仪采集光谱的快慢。

对于不同光谱仪来说，彼此的参数指标会有所差异，选用时使用者需要根据具体需要综合考虑，对指标的高低进行选取，尤其是在光谱范围、光谱分辨率和灵敏度这三个主要指标间进行权衡。常见的光纤光谱仪的测量波长覆盖 200～1100nm 的范围，可以探测紫外线、可见光和近红外光。一个光纤光谱仪的波长范围主要由制造光检测器的材料种类决定，通常硅基检测器可测量 190～1100nm 的波长范围，InGaAs 和 PbS 检测器的波长覆盖范围为 900～2900nm。一般情况下，光谱仪具有宽的波长范围则意味着其光谱分辨率低，要获得高的光谱分辨率则需要选择具有窄的波长范围的光谱仪。同时，光谱分辨率还与狭缝宽度、光检测器的像元宽度及像元数量密切相关，宽的狭缝会改善光谱仪的灵敏度，但会以降低其光谱分辨率为代价。

当光谱仪测量到超过量程允许最大值的信号时，响应曲线的顶部便呈现接近水平状态，响应信号不再随继续增加的入射光强度而增大，出现饱和现象。此时，光谱仪失去反映实际输入光强度的能力。光谱仪的动态范围主要由探测器性能决定，测量动态范围时的最大光信号需要在光谱仪未饱和情况下进行。动态范围越大，能检测的光信号强度范围越宽，光谱仪的信噪比指标也越高，工作的稳定性相对也更好。

由于仪器噪声的存在，当光信号的强度值与噪声的强度值相当时，便难以从噪声中把有用的信号分辨或挑选出来。光谱仪用噪声等效功率衡量对弱信号的检测能力，噪声等效功率定义为信噪比为 1 时的入射光功率大小，噪声等效功率越小，光谱仪能测量的信号就越弱，直接关系到光谱仪的检测限。光谱仪狭缝的宽度、光栅和探测器的类型等都会影响噪声等效功率。

2) 光纤光谱仪的采集测量参数

光纤光谱仪在采集信号时，需要先设置光谱仪的采集测量参数，对采集光谱进行控制。在采集的参数中，积分时间、平均次数、平滑度是三个最常用的控制参数。

对于 CCD 检测器来说，照射到 CCD 传感器表面上的光将激发光电流信号，这些产生的光电流被积累在 CCD 的各个像元中。积分时间便是控制这个光电流积累过程的时间，对于入射功率一定的光信号，累加的积分值与积分时间成正比，积分时间越长，对应输入光信号的输出信号（电压）就越强，可以根据实际状况调节积分时间的长短，将输出信号调到一个合适的水平。通过调整积分时间可以等效地扩大光纤光谱仪的动态范围。但积分时间越长，测量中累加的热噪声就会越大。

为减少单片机到上位机间的通信耗时，使用单片机的光纤光谱仪常具备平均功能，即单片机对采集到的光谱信号作累加后取平均值，随后向上位机传送平均的结果。这样可以提高结果的重复性，降低随机噪声对测量结果的干扰，提高信号的信噪比。随着平均次数的增加，采集到的光谱曲线变得较为平滑，平均次数少，得到的曲线则较为粗糙，曲线上"毛刺"较多，如图 7-3 所示。

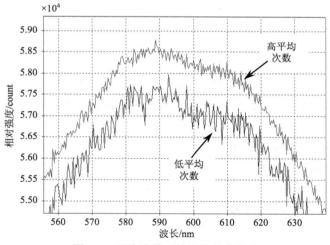

图 7-3　平均次数对输出信号的影响

如果入射光信号的光谱在各个波长处的变化较为缓慢，表明光谱曲线的高频部分小，这时可通过对输出信号进行滤波操作以改善信噪比，平滑处理后的结果如图 7-4 所示。微型光纤光谱仪中最常用的滤波方式是平滑度，它具体对一个像素及周围像素上的信号取平均：

$$N_i = \frac{1}{2m+1} \sum_{j=i-m}^{j=i+m} A_j \tag{7-6}$$

式中，A_j是在第 j 个像素上的原始信号强度；m 是平滑参数；N_i 是平滑以后在第 i 个像素上的信号强度。

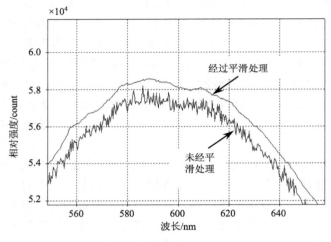

图 7-4　平滑度对信号的影响

五、实　验　内　容

（1）光谱仪的定标验证。用光纤光谱仪记录低压汞灯的发射光谱，将汞灯作为标准光源，利用其特征谱线（位于 404nm、435nm、546nm、576nm 等处）标定 USB4000 微型光纤光谱仪。

（2）用 USB4000 微型光纤光谱仪记录钠灯的发射光谱，记录并保存光谱数据，测量钠黄光双线的波长值。

（3）计算普适常数——里德伯常量的数值。通过各谱线计算里德伯常量，求里德伯常量平均值，与理论值进行比较。

六、实　验　步　骤

（1）按图 7-5 布置实验测量器件。首先检查输入光纤连接头的一端是否连接在光纤固定法兰上，另一端是否与 USB4000 微型光纤光谱仪的接收端连接，光谱仪的输出端是否与计算机相连。然后使光纤连接头面对钠灯或汞灯光源的出光口（光源的出光口上盖有一片毛玻璃），让光纤连接头与出光口距离为 15～50cm，以获得足够强的光强度输入。

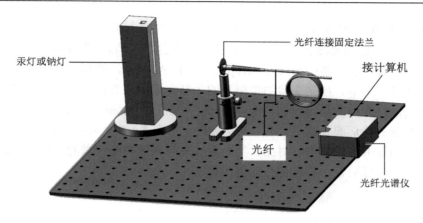

图 7-5　光栅光谱仪实验光路示意图

（2）连接低压汞灯电源，开启电源开关点亮并预热汞灯。

（3）开启计算机，打开 Ocean Optics SpectraSuite 软件，设置恰当的积分时间（10~90ms），如图 7-6 中标记所示。观察接收到的汞灯光谱，通过改变光纤端头与光源出光口的距离，或适当偏转光纤端头，使汞灯谱线强度的最大值低于50000。如果光谱显示噪声较大，可适当减少积分时间。

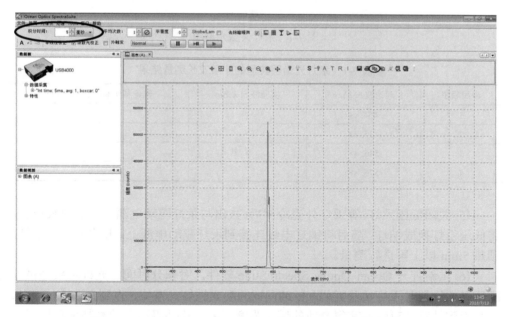

图 7-6　Ocean Optics SpectraSuite 软件界面及记录的谱线示意图

(4)观察获得满意的实验谱线后，单击软件界面上工具栏内的复制保存按钮
，复制并保存光谱图的数据（各谱线的波长和能量数值）。课后将保存的光谱图
数据导入 Excel 或其他绘图软件（Origin、MATLAB 等），绘制出规范的汞灯光谱
图，如图 7-7 所示。根据实验测量得到的汞灯光谱图，具体测量汞灯的特征光谱
值，即在汞灯光谱中找出分别位于 404nm、435nm、546nm、576nm 附近光谱线
峰值处对应的确切波长数值，填入实验数据记录表 7-1 中。将实验测量值与 NIST
网站提供的标准理论值进行对比，判断汞灯发射光谱实验数据的准确性，进行光
栅光谱仪的定标验证。要求保存光谱图数据。

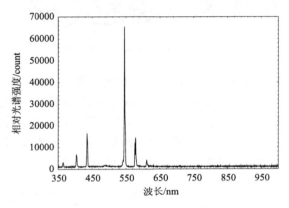

图 7-7　汞灯典型光谱图

表 7-1　汞灯光谱图典型的 4 条波长测量结果

谱线顺序	理论波长 λ/nm	实验波长 λ/nm	理论与实验波长差异/nm
1	404.××		
2	435.××		
3	546.××		
4	576.××		

(5)关闭低压汞灯，等汞灯外壳冷却后，拔出与汞灯驱动电源连接的电线插头，
将低压汞灯换成钠灯，随后将钠灯电线连接到汞灯驱动电源上。开启并点亮钠灯，
预热 5min 以上再进行测量。

(6)重新打开 Ocean Optics SpectraSuite 软件，对积分时间、光纤端头与钠灯
间距离的设置与汞灯实验类似。仔细调试并观察钠灯光谱线，直到在 600nm 波长
处观察到钠黄灯双线并获得合适的谱线强度。单击软件界面上的复制保存按钮，
复制并保存光谱图的数据。课后将保存的钠灯光谱图数据导入 Excel 或其他绘图
软件（Origin、MATLAB 等），绘制出规范的钠灯光谱图（图 7-8(a)）。同时在 580～

600nm 波长绘制出钠灯的光谱，以清晰显示钠黄灯光谱的双线结构（图 7-8（b））。

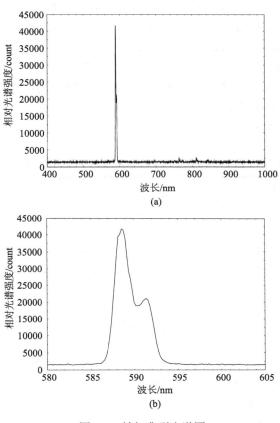

(a)

(b)

图 7-8　钠灯典型光谱图

（7）根据实验测量得到的钠灯光谱图，具体找出钠灯双线光谱峰值处的确切波长数值，填进实验数据记录表 7-2 中，将实验测量值与 NIST 网站提供的标准理论值进行比较。

表 7-2　钠灯光谱图双线波长测量结果

理论波长 λ /nm	理论波长差异/nm	实验波长 λ /nm	实验波长差异/nm

(8) 通 过 网 址 https://www.nist.gov/pml/atomic-spectroscopy-databases 登 录 NIST，打开 Physical Measurement Laboratory 网站，单击 Products/Services→Physical Reference Data 进入 Atomic Spectroscopy Data（原子光谱数据库）。单击 Lines 进入 NIST Atomic Spectra Database Lines Form，通过输入元素符号获取元素发射光谱波长的理论数据（精确到小数后两位），与实验结果进行对比。

(9) 将通过 NIST 网站查出的氢元素巴耳末线系波长的标准谱线数值填入实验数据记录表 7-3 中，并将其代入式(7-4)中，计算各谱线的里德伯常量，求普适常数——里德伯常量的理论平均值。

表 7-3　氢原子光谱巴耳末线系典型的 4 条波长计算结果

谱线名称	n	理论波长 λ/nm	颜色	理论里德伯常量 R
H_α	3		红	
H_β	4		深绿	
H_γ	5		青	
H_δ	6		紫	

七、思　考　题

(1) 原子光谱是线光谱还是连续光谱？什么是发射光谱、吸收光谱？

(2) 光栅光谱仪什么时候无法测出钠灯的双线结构？

(3) 光栅光谱仪与棱镜光谱仪主要有何区别？

(4) 光栅光谱仪的光谱范围与光谱分辨率之间有什么关系？

实验 8　光电检测器光谱响应和时间响应特性实验

一、引　　言

　　光电检测器是能把光信号转换为电信号的探测器。根据器件对光辐射的响应方式或工作机理，光电检测器可分为光子检测器和光热检测器两大类。光谱响应度表征了光电检测器对不同波长入射光辐射的响应程度，响应时间则是表征光电检测器对入射光信号做出反应的快慢程度，它们都是光电检测器的基本性能参数。通常情况下，光热检测器的光谱响应曲线较平坦，而光子检测器的光谱响应曲线却具有明显的波长选择性。光电检测器的响应时间受到制作材料、器件结构、外围电路等因素的影响。

二、实　验　目　的

　　(1)加深对光谱响应概念的理解。
　　(2)掌握光谱响应曲线的测试方法。
　　(3)掌握光电检测器响应时间的测试方法。
　　(4)熟悉热释电检测器和光电检测器的性能差异及使用。

三、实　验　仪　器

　　(1)光电探头带 4 针航空插接头　　　　　1 套
　　(2)热释电探头带 4 针航空插接头　　　　1 套
　　(3)数字示波器　　　　　　　　　　　　1 台
　　(4)手动扫描光栅单色仪　　　　　　　　1 台
　　(5)卤素冷光源带光纤输出导光管　　　　1 套
　　(6)斩波器带电缆　　　　　　　　　　　1 套
　　(7)选频放大器和调制盘驱动器　　　　　1 台
　　(8)光电探测器时间常数实验仪　　　　　1 台
　　(9)带 Q9 接头的连接电缆　　　　　　　2 根
　　(10)支杆和磁性表座　　　　　　　　　　1 套

四、实 验 原 理

1. 光谱响应特性

　　光子检测器是基于光子效应制成的探测器，探测器通过自身的电子与入射辐射光子间的相互作用，实现对电子能量状态的改变，激发出电子而产生相应的电信号。典型的光子检测器如 PN、PIN 光电二极管，当光照射在光电二极管表面时，半导体材料因吸收光子而产生电子-空穴对，在耗尽区中电子-空穴对被电场分离而分别向 N 区或 P 区漂移。当外电路闭合时，就有电流(光电流)产生，从而把入射的光信号转变为电信号。光子检测器直接吸收入射光的能量，针对入射的可见光至近红外光辐射，光子能量的大小直接决定材料内部电子状态的变化，因此光子检测器对光波频率的响应具有较强的波长选择性，响应速度也相对较快，检测器的主要性能参数包括灵敏度、光谱响应度、响应时间和噪声等。

　　光热检测器对光辐射的响应与光子检测器不同，它是基于光热效应而工作的探测器。当光照射到检测器表面，检测器材料在吸收了入射的光辐射后，光作用将部分光能量转变为材料晶格的热运动能量，材料自身的温度将升高，导致与温度有关的材料电学性质变化而产生可探测的变化信号。因光热效应不直接改变材料内部的电子状态，基本上与入射光辐射的波长无关，所以光热检测器不具有光波长的选择性，主要与入射光的强度有关，响应速度通常较慢。在紫外至红外波段，大多数材料在红外波段产生吸收共振，共振将光能量转化成热能，因此一般状态下红光比紫光的热效应强。典型的光热检测器如热释电探测器，对光辐射的响应分为光热响应和热电响应两个过程。光照射到热释电探测器表面后引起铁电体温度迅速升高，极化强度迅速下降，极化电荷急剧减少。由于表面浮游电荷变化缓慢，跟不上铁电体内部变化，铁电体表面有多余的浮游电荷出现，相当于释放出一部分电荷，导致铁电体薄片两表面之间出现瞬态电压。当外电路接通后，电荷便通过导通的外电路释放而产生相应的电信号。热释电探测器的输出信号通常需要进行交流放大，便于对后续信号的采集和处理，避免直流放大引起的零点漂移。光热检测器的主要性能参数包括灵敏度、光谱响应度、热噪声等。

　　光谱响应度是光电检测器的一个重要参数，它表征光电检测器对不同入射单色辐射的响应能力，是反映响应度随波长变化的参数。一般情况下，光热检测器的光谱响应曲线较平坦，光子检测器的光谱响应则具有明显的波长选择性。以光波长为横坐标，检测器的输出电信号(在接收到光信号后)为纵坐标绘出的光子检测器和光热检测器光谱响应度曲线，如图 8-1 所示。

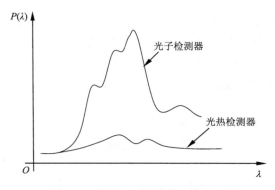

图 8-1　典型光电检测器光谱响应图

电压光谱响应度 $R_V(\lambda)$ 定义为在波长为 λ 的单位入射光功率照射下,光电检测器输出的相应电压信号与入射光功率 $P(\lambda)$ 之比,表示为

$$R_V(\lambda) = \frac{V(\lambda)}{P(\lambda)} \tag{8-1}$$

而电流光谱响应度则定义为光电检测器在波长为 λ 的单位入射光功率照射下,光电检测器所输出的光电流与入射光功率 $P(\lambda)$ 之比,表示为

$$R_I(\lambda) = \frac{I(\lambda)}{P(\lambda)} \tag{8-2}$$

式中, $P(\lambda)$ 为波长为 λ 时的入射光功率; $V(\lambda)$ 和 $I(\lambda)$ 分别为光电检测器在入射光功率作用下输出的相应信号电压和信号电流。具体计算时注意 $V(\lambda)$ 和 $I(\lambda)$ 的单位。

测量光电检测器的光谱响应性能时,需要不同波长的单色光分别照射检测器,然后测量在不同波长光照射下的光电检测器的输出电信号($V(\lambda)$ 或 $I(\lambda)$)。为此,一般通过单色仪对宽带光辐射源进行分光,以获得不同波长的单色光。由于实际宽带光源的输出功率随波长而变,分光后各个波长单色光的功率不同,因此要运用相对测量的方法来确定各个单色光的入射功率 $P(\lambda)$,即利用一个参考探测器(基准探测器)的光谱响应度 $R_f(\lambda)$ 作为基准,用同一波长的单色光分别照射待测探测器和基准探测器,根据参考探测器的输出电信号(如电压 $V_f(\lambda)$)得到单色光入射功率 $P(\lambda) = V_f(\lambda) / R_f(\lambda)$,再运用式(8-1)计算待测探测器的光谱响应度。

2. 时间响应特性

光电检测器针对入射的光信号做出的反应是输出电信号,相对于输入的光信号而言,光电检测器一般不能立刻对此做出反应,存在一个时间上的落后(滞后),这个滞后的时间就是光电检测器的响应时间。滞后过程反映了光电检测器输出的电信号落后于入射在其表面上的光信号的惰性过程。该惰性的存在将导致先后入射的光信号在光电检测器输出端产生重叠，从而造成输出信号畸变，严重时，光电检测器无法分辨快速变化的连续光信号。因此，光电检测器的响应时间通常越小越好，尤其是用于超高速光通信系统、高频调制光探测、快速变化的光过程等应用场合。

对于 PN、PIN 这样的二极管光电检测器，入射光与半导体材料的相互作用激发电子-空穴对的产生，电子、空穴在外加电场的作用下分别向 N 区或 P 区漂移，在外电路形成光电流，把入射的光信号转变为电信号，从而光电检测器的光谱响应具有较强的波长选择性，响应速度也相对较快。根据光电流的产生机制，光电检测器的响应时间取决于：①耗尽层外的光生载流子到达电极的扩散时间；②耗尽层内的光生载流子到达电极的漂移时间；③与负载电阻并联的结电容和寄生电容所决定的电路时间常数。其中，电路的时间常数起决定性作用，要缩短光电检测器的响应时间，需要尽量降低检测器的结电容，同时合理选择负载电阻。

光电检测器的一个完整响应过程指从接收到光信号并将其转换成被检测电信号所需要的时间，光电检测器时间响应特性的表示方法主要有两种：一种是脉冲响应特性法，另一种是幅频特性法。

1) 脉冲响应

响应信号落后于输入信号的现象称为弛豫或滞后。输入信号开始作用时，响应信号从零逐渐增大的过程称为上升弛豫；信号停止作用时，响应信号从稳定值逐渐减小的过程称为衰减弛豫。弛豫过程持续的时间称响应时间，针对不同的探测器，其定义有所差异。例如，对于光电池、光敏电阻及热电探测器等，响应时间具体定义为：如果输入的是方波信号，探测器的响应信号从零开始上升至稳定值的 $1-e^{-1}$（即约 63%）时所需要的时间为上升弛豫时间；输入信号撤去后，探测器的响应信号从稳定值下降至其数值的 e^{-1}（即约 37%）时所需的时间为衰减弛豫时间。例如，对于光电二极管、雪崩光电二极管和光电倍增管等响应速度较快的探测器，弛豫时间则定义为：上升弛豫时间为响应信号值从稳态值的 10% 上升至 90% 所用的时间；衰减弛豫时间为响应信号值从稳态值的 90% 下降至 10% 所用的时间。

实际测试中，可以采用脉冲式发光二极管、锁模激光器或火花源等光源来近似单位冲激响应函数形式的信号光源（δ 函数光源），用测到的单位冲激响应函数的半值宽度来表示光电探测器的时间特性。

2) 幅频特性

由于光电探测器滞后效应的存在，其光谱响应度不仅与入射光的波长有关，还与入射光的频率有关，并且牵连到入射光信号的波形。通常情况下，光电探测器对正弦光信号的响应幅值同调制频率间的关系被定义为探测器的幅频特性，表

示为

$$A(\omega) = \frac{1}{(1+\omega^2\tau^2)^{1/2}} \quad (8\text{-}3)$$

在实际测试过程中，对入射光的调制可以采用内调或外调的方式，通过实验测得的光电探测器输出电压，表示为

$$V(\omega) = \frac{V_0}{(1+\omega^2\tau^2)^{1/2}} \quad (8\text{-}4)$$

式中，$A(\omega)$ 为归一化的幅频特性；V_0 为光电探测器在入射光调制频率为零时的输出电压；$\omega = 2\pi f$ 为调制圆频率，f 为调制频率；τ 为响应时间。若在调制频率为 f_1 时，探测器测得的输出信号电压为 V_1，调制频率为 f_2 时的输出信号电压为 V_2，则相应的响应时间为

$$\tau = \frac{1}{2\pi}\sqrt{\frac{V_1^2 - V_2^2}{(V_2 f_2)^2 - (V_1 f_1)^2}} \quad (8\text{-}5)$$

式中，V_1 与 V_2 彼此的取值大小应相差 10%以上，以减小实验误差。

鉴于通常光电探测器的幅频特性都用式(8-3)描述，为方便起见，引入截止频率 f_e 表示探测器的幅频特性。f_e 定义为当输入信号功率降至超低频的 1/2 时的调制频率，即输出信号电压降至超低频信号电压的 70.7%时的调制频率，即

$$f_e = \frac{1}{2\pi\tau} \quad (8\text{-}6)$$

因此，f_e 频率点又称为三分贝点或拐点。

五、实 验 内 容

(1)热释电检测器光谱特性测量。
(2)光电检测器光谱特性测量。
(3)光电检测器响应时间测量。

六、实 验 步 骤

1. 光谱响应特性测量

1)搭建测量光路
按照图 8-2 所示搭建测量光路，布置、连接好各实验仪器及电源。

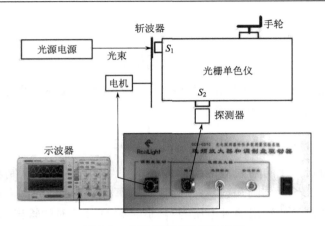

图 8-2　光谱响应测量实验装置

(1) 将连接电机的电缆上的五芯航空插头插入"选频放大器和调制盘驱动器"的调制盘驱动插座，通过电缆驱动电机和斩波器，将分光获得的入射直流光调制成频率为 25Hz 的交流光。

(2) 用带四芯航空插头的电缆连接光电(或热释电)探测器和"选频放大器和调制盘驱动器"面板上的输入端，为光电(或热释电)探测器供电，并将光电探测器的电信号输入选频放大器，如图 8-3 所示。选频放大器对光电(或热释电)探测器的信号进行选频放大，增益 300 倍(中心频率为 25Hz)。光电或热释电探测器均分别与前置放大器共同封装于黑色屏蔽金属壳内。

限位槽(凹)　　　　　　　　　　限位销

图 8-3　四芯航空插头和插座

图 8-3 的每一个插针代表一路信号。插拔航空插头时注意将插头的"限位销"与插座的"限位槽"对准，插头插到位时有弹簧入位的"咔嚓"声。切忌在插拔电缆时旋拧电缆，这会造成电缆断路或短路。

(3) 用带 Q9 插头的电缆将"选频放大器和调制盘驱动器"面板上的选频输出端与示波器输入端连接，观察并读取来自探测器的电信号。注意：带 Q9 插座的检波输出提供经过检波后的直流输出，幅值为均方根值(一般在输出信号较小、信噪比较小时使用)。

(4)实验中需用单色仪对入射宽带光源——钨丝卤素灯进行分光,得到不同波长单色光的入射功率 $P(\lambda)$。热释电探测器作为参考探测器用来标定光源的光谱,热释电探测器(内部前置放大器放大倍数为 100 倍)的响应度和波长无关,根据其对入射单色光的输出电压信号 $V_f(\lambda)$,可得到各个单色光的入射光功率 $P(\lambda)$:

$$P(\lambda) = \frac{V_f(\lambda)}{R_f K_f} \tag{8-7}$$

式中,K_f 为热释电探测器的总放大倍数,即前置放大器和主放大器的放大倍数的乘积;$R_f(\lambda)$ 为参考热释电探测器的响应度。在本实验中 $K_f = 100 \times 300$,所用的调制频率为 25Hz,此时 $R_f = 900$ V/W。

在保持相同的入射光功率 $P(\lambda)$ 不变的条件下,用硅光电检测器(型号 2CU2E)测量与热释电探测器相同的单色光,光电检测器(内部前置放大器放大倍数为 150 倍)的输出电压信号为 $V(\lambda)$,最终光电检测器的光谱响应度为

$$R(\lambda) = \frac{V(\lambda)}{P(\lambda)} = \frac{V_b(\lambda)/K_b}{V_f(\lambda)/R_f K_f} \tag{8-8}$$

式中,K_b 为硅光电检测器测量时总的放大倍数,在本实验中 $K_b = 150 \times 300$。

2)光路对准

(1)用可调支架固定宽带光辐射源(卤素白光光源)的光纤输出导光管,将导光管对准单色仪入射狭缝一侧,在入射狭缝和光纤输出导光管之间放置斩波器。开启卤素白光光源的电源开关,逐步转动调节旋钮增大白光光源的亮度,待白光亮度调至最大后回旋一点旋钮,避免白光光源工作在最大亮度状态,以延长光源寿命,减少其发热。仔细调整导光管口与入射狭缝间的距离,让入射光束位于狭缝中央的位置,小心调节入射狭缝 S_1 和出射狭缝 S_2 至适当宽度(均至约 2.0mm)。注意:狭缝开大时不能超过 3mm,狭缝宽减小时不能小于 0.1mm,否则将损坏单色仪。

(2)因探测器在 600nm 波段附近有较高的响应度,首先慢慢转动手轮将单色仪计数器的读数调至 0600.0 处,让单色仪输出波长为 600nm 的单色光,出射狭缝调到约 1mm 宽。这样在出射狭缝处用肉眼便可观察到红色光(与计数器波长设置对应)的出现,便于后续探测器等器件的对准放置与调节。

(3)将热释电探测器置于出射狭缝 S_2 处,将其接收面尽量贴近狭缝(但不要贴合),以便接收尽量多的出射光,在热释电探测器对准出射光束后锁定磁性表座。

(4)按照图 8-2 设置检查各组件的连接线是否与"选频放大器和调制盘驱动器"的相应端口相连(热释电探测器输出端插入选频放大器的信号输入口,示波器输入连接选频放大器的选频输出口,电机接线与调制盘驱动插座相连),然后开启

"选频放大器和调制盘驱动器"的电源，斩波器转盘随之开始旋转。

　　（5）连接示波器电源，开启示波器。观察来自热释电探测器的输出电信号，按示波器上的"measure"功能按钮，在菜单栏上选择"电压测量"选项，然后调节"SCALL"的时间旋钮，示波器的显示屏幕上便可看到探测器接收到的信号。待示波器显示所测量信号是频率 f = 25Hz 的正弦波信号时，如图 8-4 所示，便可确认接收到正确的信号。该步骤也可通过直接按示波器上的"自动"按钮实现，示波器会根据输入信号的大小自行选择合适的"SCALL"显示输入的信号。

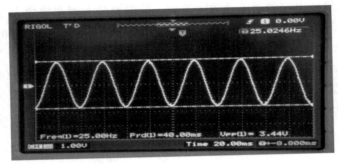

图 8-4　热释电探测器输出电压信号（25Hz）

　　示波器上接收到正弦波信号表明光谱响应测量系统连接和对准完毕。这时，若改变卤素光源的照射强度，可看到示波器显示的正弦波电压峰峰值（U_{pp}）会变化。同时，改变入射狭缝或出射狭缝的宽度，也可调整出射单色光的强度，从而改变被测量的正弦波信号的峰峰值。狭缝变宽，响应电压 U_{pp} 增大；狭缝变窄，U_{pp} 减小。随着旋转手轮慢慢改变单色仪的计数器数字，即改变出射单色光的波长，可以看到示波器显示的探测器响应电压 U_{pp} 也在改变。

　　3）热释电探测器光谱响应的测量

　　（1）光路对准完成后，把入射狭缝 S_1 和出射狭缝 S_2 的缝宽均调到约 1.0mm，先微调光纤输出导光口相对入射狭缝的位置，同时观察示波器的显示，使示波器显示的输出电压信号达到最大；再微调热释电探测器接收面相对出射狭缝的位置，使示波器显示的正弦波电压峰峰值达到最大。至此，固定实验中各器件的位置，保持入射光源强度不变。可着手测量热释电探测器的响应电压信号，在后续的测试过程中，光路（光源、探测器）不再进行调整。

　　（2）匀速旋转单色仪计数器手轮，慢慢将波长调至接近可见光波长最小值360nm，这时示波器显示的电压信号峰峰值 U_{pp} 便是热释电探测器对单色光的响应电压数值，从 360nm 开始记录入射光的波长及相应的响应电压数值。注意：改变波长时请慢速（匀速）转动计数器手轮，每分钟改变波长不大于 35nm，否则会损伤单色仪的计数器，缩短单色仪的使用寿命。

（3）向波长增大方向匀速转动计数器手轮，在波长数值每增加 $\Delta\lambda = 20\text{nm}$ 时，读取一个相应的探测器响应电压值，直到波长增加到 1040nm 为止，将从示波器读取的波长变化及相应的响应电压记录为一组数据。注意：为减小实验误差，改变光波长时请沿同一方向转动计数器手轮。

（4）保持入射卤素白光光源强度和入射狭缝 S_1 宽度不变，减小出射狭缝 S_2 的宽度至约 0.8mm，重复步骤（2）和步骤（3），记录另一组实验测量数据，并将两组测量数据填入表 8-1。

表 8-1　热释电探测器测试数据

入射狭缝 $S_1 = 1.0$mm									
λ/nm									
$S_2 = 0.8$mm	V_f/V								
$S_2 = 1.0$mm									

4）光电检测器光谱响应的测量

（1）保持测量光路不变，继续维持入射狭缝 S_1 的宽度为 1.0mm（即保持各单色光的强度不变），将热释电探测器更换为光电检测器，分别将出射狭缝 S_2 的宽度调至约 0.8mm 和 1.0mm 时，只需调整光电探测器的位置，使其响应度达到最高（示波器显示信号幅度最大），重复步骤（2）和步骤（3），用同样的方法测量光电检测器的响应电压数值，将记录的波长和相应的响应电压数据填入表 8-2。

表 8-2　光电检测器测试数据

入射狭缝 $S_1 = 1.0$mm									
λ/nm									
$S_2 = 0.8$mm	V_b/V								
$S_2 = 1.0$mm									

（2）将记录的每组数据填入表 8-3，计算入射光功率和光电检测器的光谱响应度数据；在同一坐标轴中做出同一条件下两种探测器的一组光谱响应特性曲线图（输出电压与光波长）。注意：计算光谱响应度和光谱功率时，要使用相同狭缝宽度读取的数据。

表 8-3　光谱响应度测试数据（$S_1 = 1.0$ mm，$S_2 = 1.0$ mm）

入射波长 λ/nm	热释电探测器 输出电压 V_f/V	光电检测器 输出电压 V_b/V	光谱响应度 $R(\lambda)/(\text{V/W})$	光谱功率 $P(\lambda)/\text{W}$
400				

续表

入射波长 λ/nm	热释电探测器 输出电压 V_f/V	光电检测器 输出电压 V_b/V	光谱响应度 $R(\lambda)$/(V/W)	光谱功率 $P(\lambda)$/W
1000				

2. 时间响应特性测量

1) 用脉冲响应法测量光电二极管的响应时间

(1) 按照图 8-5 搭建测量光路，连接实验仪器及电源。

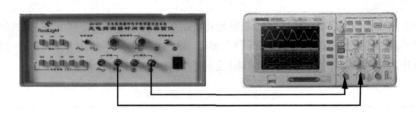

图 8-5　时间响应特性测量实验装置

(2) 设置"光电探测器时间常数实验仪"及测量参数。首先要在面板上选择一组"偏压"和"负载电阻"数据(如 5V 偏压，500Ω电阻)作为测量开始的初始数值，并按压接通。对于一个选定的偏压，可以依次按压接通不同数值的负载电阻；反之，对于一个选定的负载电阻，可以依次按压接通不同数值的偏压。将"波形选择"开关拨至方波挡，"探测器选择"开关拨至光电二极管挡⌀，将"光源"的方波接口以及"输出"的光电二极管的接口通过带 Q9 插头的电缆分别与数字示波器的两个输入通道 CH1 和 CH2 连接。

(3) 开启"光电探测器时间常数实验仪"面板上的开关，接通电源，同时开启示波器电源开关。按示波器上的"measure"功能按钮，在示波器菜单栏上选择"电压测量"按钮，然后调节"SCALL"的时间旋钮，在示波器的显示屏幕上便可看到分别来自 CH1 和 CH2 的信号，该信号分别代表由"光电探测器时间常数实验仪"的"光源"端输出的方波波形，以及由"输出"端输出的光电二极管输出波形。它们的信号频率可通过"光电探测器时间常数实验仪"面板上"频率调节"处的方波旋钮来调节，以产生调制光。例如，可以将调制光的频率调至适当频率（200Hz），如图 8-6 所示。

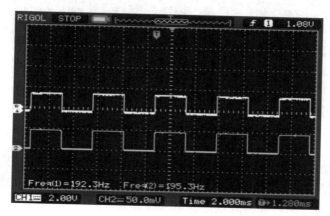

图 8-6   光电二极管方波频率设置示意图

调节示波器"SCALL"的时间旋钮，让示波器清晰地显示光电二极管对光脉冲的响应。注意：调制频率太低时，用示波器不易测试，频率太高则会影响测量响应时间的精度。

（4）固定负载电阻，测试偏压对响应时间的影响。选定负载为 10kΩ，依次按压接通不同偏压数值，顺序改变负载电阻的偏压。观察并记录在零偏压（不按压任何偏压即可）以及不同反向偏压下光电二极管的响应时间，并将测量数据填入表 8-4。

表 8-4   硅光电二极管的响应时间与偏置电压的关系数据

偏置电压 E/V	0	5	10	15
响应时间 t_r/s				

（5）响应时间的测量。测量一定反向偏压下光电二极管的响应时间时，调节示波器"SCALL"的时间旋钮，将显示光电二极管对光脉冲响应的输出信号的时间轴放大，让示波器只显示一个或两个周期的信号，使用示波器测量功能，移动测量游标，测量信号幅度从 10%增加至 90%所用的时间，即可得光电二极管的响应时间，如图 8-7 所示。

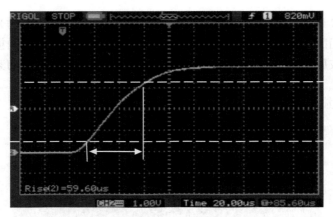

图 8-7　典型光电二极管响应时间测试示意图

(6)固定偏压,测试负载电阻对响应时间的影响。选定反向偏压为 15V,依次按压接通不同负载电阻值,顺序改变负载电阻的大小。观察光电二极管在不同偏置电阻时的响应时间,并将测量数据填入表 8-5。

表 8-5　硅光电二极管的响应时间与负载电阻的关系数据

负载电阻 R_L / Ω	500	2000	10000	50000	100000
响应时间 t_r / s					

2)用幅频特性法测量光敏电阻的响应时间

(1)设置"光电探测器时间常数实验仪"及测量参数。将"波形选择"开关拨至正弦挡,"探测器选择"开关拨至光敏电阻挡①,将"光源"的正弦波接口以及"输出"的光敏电阻的接口通过带 Q9 插头的电缆分别与数字示波器的两个输入通道 CH1 和 CH2 连接。

(2)开启"光电探测器时间常数实验仪"面板上的开关接通电源,同时开启示波器电源开关。按示波器上的"measure"功能按钮,在菜单栏上选择"电压测量",然后调节"SCALL"的时间旋钮,在示波器的显示屏幕上便可看到分别来自 CH1 和 CH2 的信号。即由"光源"输出的正弦波形,以及由"输出"输出的光敏电阻输出波形,它们的信号频率可通过"频率调节"处的正弦波旋钮来调节,以产生调制光。可以将调制光的频率调至适当频率(35Hz),如图 8-8 所示。

(3)调制输入正弦光波。旋转"频率调节"处的正弦波旋钮改变输入正弦光波信号的频率,观察示波器显示的光敏电阻输出信号的变化。选择三个不同的频率,按示波器上的"measure"功能按钮,移动测量游标,测量相应光敏电阻输出信号的频率和振幅,要求光敏电阻在这三个频率的输出电压信号彼此相差要大于10%,

如图 8-9 所示，将记录数据填入表 8-6 中。

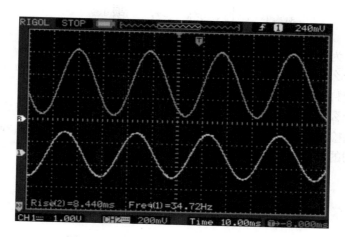

图 8-8　光敏电阻正弦波频率设置示意图

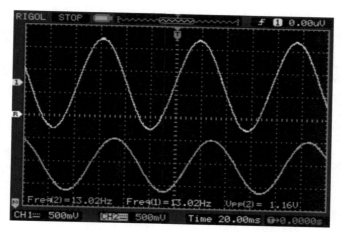

图 8-9　典型光敏电阻不同频率输出电压信号测试界面

表 8-6　光敏电阻频率与电压测试数据表

频率/Hz			
电压/V			

　　(4)根据表 8-6 中的数据，选取电压差值较大的两个点，通过式(8-5)计算光敏电阻的响应时间。

七、思　考　题

(1) 分析为什么实验中需沿同方向转动手轮改变波长？

(2) 为什么实验中要保持各单色光的强度不变？

(3) 比较狭缝 S_1 和 S_2 的宽度对输出电压的影响。

(4) 为什么不同的光电检测器有着不同的响应时间？

(5) 光电检测器能否完整检测一个脉冲宽度短于其响应时间的脉冲？为什么？

(6) 不同的负载电阻对光电检测器的响应时间有什么影响？

实验 9 光电位置传感器光电特性及位移测量实验

一、引　言

传感器是一种以一定的精确度将被测量(如位置、力、加速度等)转换成与之有确定对应关系的、易于精确处理和测量的某种物理量(如电流、电压等)的测量部件或装置。根据其工作原理，传感器的种类主要有电传感器(电阻式、电感式、电容式和电势式等)、光学传感器和热传感器等。根据所测量的物理量，传感器又分为位移传感器、压力传感器、速度传感器、温度传感器和气敏传感器等。传感器在检测系统中是一个非常重要的元件，其性能的好坏直接影响整个检测系统的测量精度和灵敏度，在设计一个测试装置或系统时需要根据具体的检测对象选择传感器的种类及其精度。

二、实验目的

(1) 了解 PSD 光电位置传感器的基本结构及设置。
(2) 掌握 PSD 光电位置传感器的工作原理。
(3) 掌握 PSD 器件对入射光强度变化的反应及对光生电流的影响。

三、实验仪器

(1) PSD 传感器电源(±15V)及 PSD 测量组件　　　1 套
(2) He-Ne 激光光源及电源　　　　　　　　　　　1 套
(3) 数字万用电表　　　　　　　　　　　　　　　2 个
(4) 支架及机械调节平台　　　　　　　　　　　　1 套

四、实验原理

光电位置敏感器件(position sensitive detector，PSD)是一种新型的横向光电效应器件，它是对其感光面上入射光的光斑重心位置敏感的光电器件。当入射光斑落在 PSD 感光面的不同位置时，入射光将激发 PSD 产生光生载流子并输出相应

的电流信号 I，如图 9-1 所示。对此输出的电信号进行分析和处理，便可确定入射光斑在 PSD 表面上的相应位置。PSD 输出的光斑位置电信号大小与入射光的强度和光斑大小无关，只与入射光斑的"重心"位置有关。

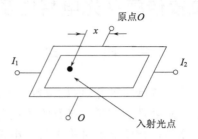

图 9-1　PSD 光电位置敏感器件原理图

　　PSD 可分为一维 PSD 和二维 PSD。一维 PSD 可以测定光点的一维位置坐标，二维 PSD 可测定光点在平面上的位置坐标。由于 PSD 是分割型元件，对光斑的形状无严格的要求，PSD 的光敏面上没有象限分隔线，所以对平面上的光斑位置可进行连续测量，获得连续的坐标信号。

　　典型的 PSD 是一个三层结构的 PIN 型平板半导体硅片，其断面结构如图 9-2(a)所示。表面层 P 为感光面，在其两边各有一信号输入电极 1、2，底层的公共电极 3 用于施加反向偏压。当光点入射到 PSD 表面某一点时，因在入射光点到信号电极间存在横向电势，半导体中产生的载流子漂移形成的总光生电流 I_0 取决于入射光的能量。若从两个信号电极接入负载电阻，光生电流将分别流向两个输出电极，形成从输出电极流出的光电流 I_1 和 I_2，且 $I_0 = I_1 + I_2$，总光生电流等于 I_1 和 I_2 之和。PSD 的分流关系指光生电流 I_1 和 I_2 的比例大小，它取决于入射光点的位置到两个信号输出电极间的等效电阻 R_1 和 R_2。如果 PSD 表面层的电阻是均匀的，则 PSD 结构可以等效为图 9-2(b)所示的电路，VD_j 是典型的二极管，C_j 是结电容，R_{sh} 是串联电阻。由于 R_{sh} 很大，而 C_j 很小，等效电路可进一步简化为图 9-2(c)所示的形式，图中 R_1 和 R_2 的大小取决于入射光点在 PSD 光敏面的位置，I_1 和 I_2 的分流关系则取决于入射光点到两个输出电极间的等效电阻。

　　设负载电阻 R_L 的阻值相对于 R_1 和 R_2 可以忽略，则有

$$\frac{I_1}{I_2} = \frac{R_2}{R_1} = \frac{L-x}{L+x} \tag{9-1}$$

式中，L 为 PSD 中点到信号电极的距离；x 为入射光点与 PSD 中点间的距离。式(9-1)表明，两个信号电极的输出光电流之比为入射光点到该电极间距离之比的倒数。联立 $I_0 = I_1 + I_2$ 和式(9-1)得

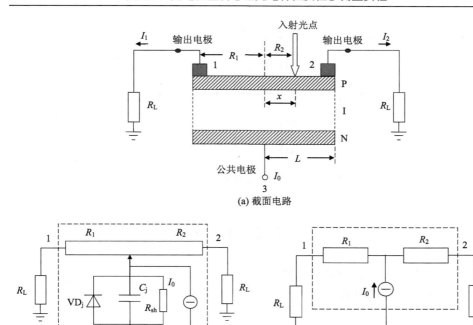

(a) 截面电路

(b) 等效电路　　　　　　　　　　　　　　(c) 简化等效电路

图 9-2　PSD 的结构及等效电路

图中 1、2、3 代表输出端接线位置，与实验板上标志对应

$$I_1 = I_0 \frac{L-x}{2L}, \qquad I_2 = I_0 \frac{L+x}{2L} \qquad (9\text{-}2)$$

式 (9-2) 表明，当入射光点的位置固定时，PSD 的单个电极输出电流与入射光强度（或能量）I_0 成正比。而当入射光强度一定时，从单个电极输出的电流与入射光点和 PSD 中心的距离 x 呈线性关系。若将两个信号电极的输出电流 I_1 和 I_2 做数学处理，则有

$$P_x = \frac{I_2 - I_1}{I_2 + I_1} = \frac{I_2 - I_1}{I_0} = \frac{x}{L} \qquad (9\text{-}3)$$

可见当入射光电流 I_0 恒定时，入射光点位置和 PSD 零电位点的距离 x 与 $I_2 - I_1$ 呈线性关系，如图 9-3 所示，即得到的结果只与入射光点的位置坐标 x 有关，与入射光点的光强度无关，PSD 便成为仅对入射光点位置敏感的器件，P_x 称为一维 PSD 的位置输出信号。通过适当设置 PSD 信号的处理电路，就可以获得与入射光点位置对应的输出电信号。

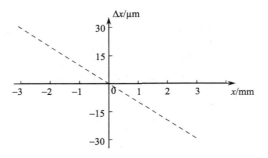

图 9-3　　PSD 位置检测误差特性曲线

五、实验内容

(1)用 PSD 测量光点的微小位移。

(2)PSD 光电特性测试。

六、实验步骤

实验中使用的 PSD 驱动电路板实物及其电路图如图 9-4 所示，实验设置如图 9-5 所示。

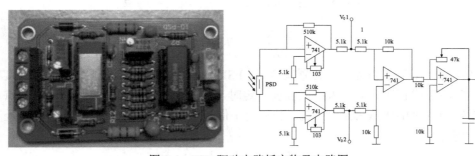

图 9-4　　PSD 驱动电路板实物及电路图

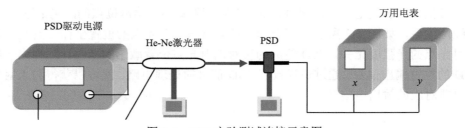

图 9-5　　PSD 实验测试连接示意图

1. 用 PSD 测量光点的微小位移

(1) 按照图 9-5 所示设置测量仪器和 PSD。首先从 PSD 驱动电路板接线柱引出 ±15V 电源与 PSD 传感器相连接,同时让驱动电路板的地线与测试台地线共地,将 PSD 信号输出端的 V_0 连接万用表(即将 PSD 芯片的两个输出脚引线对应接入 PSD 驱动电路板的 I_1 和 I_2 两输入端,经驱动电路板放大后的两路 PSD 输出端信号 V_0 分别接入数字万用表电压挡)。

(2) 确认接线无误后,开启电源让驱动电路板的 15V 输出给 PSD 供电。在未打开 He-Ne 激光光源之前,PSD 表面上无光照射,测量其输出信号的万用表读数为环境光噪声带来的噪声电压。试用一块遮光片盖住 PSD 光接收表面,观察此时的万用表读数, 体会环境光噪声产生的电压变化。

(3) 开启激光器电源,观察入射激光束是否与 PSD 表面垂直。如果不垂直,通过调节 PSD 支持平台的方向和倾斜度, 让入射到 PSD 表面的激光束反射后与入射的激光束基本重合,如图 9-6 所示,这时表明 PSD 的接收表面与入射光束已经互相垂直。

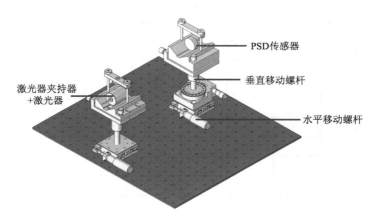

图 9-6　PSD 传感器与激光器相对位置的设置

(4) 调节固定激光器支架上的机械螺旋可调整 He-Ne 激光束的上下位置, 使光斑在 PSD 传感器的表面上下移动。PSD 的上下移动通过其支撑平台的连接支架升降完成,水平移动由水平移动螺杆调节,转动 PSD 则由测微螺旋推动连接支架的旋转台实现。若表示水平和垂直两个方向位置坐标 (x, y) 的万用表有读数,说明入射光点不在 PSD 表面的中心位置。分别调节水平移动旋钮或升降支架使入射到 PSD 表面的激光光斑位于其接收面的中心位置(原点),这时表示位置坐标的万用表读数将接近零。

(5) 调节螺杆水平移动 PSD 传感器。旋转水平移动螺杆，使入射光斑的位置位于 PSD 传感器的左端，使 x 轴位置坐标万用表的读数绝对值最大，同时观察 y 轴的万用表读数。转而反向旋转螺杆，将光斑位置从 PSD 的左端移动到其右端，使 x 坐标万用表的读数绝对值最大，比较此时 y 轴的万用表读数。这样左右移动光斑位置多次，每次可调节支撑平台上的螺旋，微调平台的水平度，使光斑在 PSD 传感器左右两端距中心相等距离时，x 坐标万用表的最大读数基本相等，但正负极性相反；同时从左至右移动入射光斑至 PSD 的边缘位置时，尽量使 PSD y 轴的万用表读数基本相等或不变(为零或最小)，这样才能确保 PSD 的 x 轴保持水平状态。

(6) PSD 传感器水平调整完成后，从 PSD 中心位置(原点)开始，水平等距离左右移动 PSD 至其边缘位置。固定旋转方向，每次观察 x、y 两个方向的万用表读数的变化。每次旋转测微螺旋一圈，即沿 x 方向水平移动 PSD 0.5mm，记录此时水平 x 位移的数值(mm)，以及 x、y 坐标相应万用表的读数，将实验数据填入表 9-1 中。

表 9-1　PSD 测量光点微小位移数据

测微螺旋位置读数/mm								
x 方向电表读数(V_x)								
1								
2								
3								
y 方向电表读数(V_y)								
1								
2								
3								

根据记录数据，作出 x 方向的平移距离与 x 坐标输出电压 V_x 的曲线，求出曲线的灵敏度 S，$S = \Delta V_x / \Delta x$。根据曲线分析 PSD 的线性响应特性。

(7) 调节 PSD 支撑杆，升高或降低 PSD 传感器(但需保证 PSD 垂直于入射激光束)。在 PSD 表面的上半部和下半部位置重复步骤(5)和步骤(6)，记录数据并画出在 PSD 表面上三个不同高度位置的测试曲线。根据这三条曲线，评价该 PSD 的整体性能。

2. PSD 光电特性测试

(1) 保持激光器的输入光斑在 PSD 表面上的位置不变，在 PSD 之前插入一个或几个不同的衰减滤光片，降低激光光斑的光强度，同时观察相应 PSD 输出 x、y 坐标信号的万用表读数是否有所变化；反复插入或取下衰减滤光片，比较 PSD 的输出信号强度变化情况，以及万用表读数显示的光斑位置坐标的变化情况，在允许的误差限度内，根据实验结果做出测试的定性结论。

　　(2)保持激光器的输入光斑在 PSD 表面上的位置不变，并保持激光器输出光强度不变，在 PSD 之前插入可变光阑，使光阑与激光束同轴，利用可变光阑改变激光束的光斑尺寸。选择 3 个不同尺寸的激光束光斑入射到 PSD 表面，观察并比较 PSD 输出的电信号强度变化，以及万用表读数显示的光斑位置坐标的变化情况，在允许的误差限度内，根据实验结果做出测试的定性结论。

　　注意：实验时请注意不要让激光束直接照射或反射到眼睛，否则有可能对视力造成不可恢复的损伤。每一个激光器的光斑大小和光强都有差异，对同一 PSD 器件，光源不同造成的光生电流大小也不一样。实验时背景光的影响也不可忽视（尤其是采用日光灯照明的场合），或有物体在 PSD 周围移动引起反射光发生变化，都会造成 PSD 光生电流的改变，导致其输出电信号发生跳变，出现这些现象时并不意味着 PSD 有问题。

七、思　考　题

　　(1)什么是光斑的重心？

　　(2)分析入射光强度的变化对 PSD 器件光生电流的影响。

　　(3)入射光斑大小对 PSD 位置的测量有什么影响？

实验 10　光时域反射仪的使用(一)

一、引　　言

光时域反射仪(optical time domain reflectometer，OTDR)是基于光在光纤中传输时的背向瑞利散射和菲涅耳反射引起的反向散射理论制成的精密光电一体化仪表，是通信工程中的"万用表"。由于其功能众多，OTDR 被广泛用于光纤光缆的工程应用中，如光纤长度及均匀性、光纤损耗、光纤接头熔点损耗、光纤或光缆上的各特征点、断裂处或故障点定位等的测量，为光纤光缆的施工、维护、监测及验收提供了便利。

二、实　验　目　的

(1) 了解 OTDR 的工作原理，掌握 OTDR 的基础使用。
(2) 了解光纤或光缆产生连接损耗的原因及性能参数。
(3) 掌握使用光时域反射仪测量光纤连接器损耗的方法及操作。

三、实　验　仪　器

(1) TR600 型号光时域反射仪　　　　　　　　　1 台
(2) 400m 光纤盘　　　　　　　　　　　　　　　2 盘
(3) 0.2dB 常规法兰盘、5dB 法兰式衰减器　　　各 1 个
(4) 酒精、擦镜纸

四、实　验　原　理

1. OTDR 的工作原理

OTDR 的主要功能是全面分析光沿光纤传输的时间和空间信息，评估光在光纤中的传输质量，进行光纤链路或光网络的故障诊断和故障点的准确定位。OTDR 的光源(E/O 变换器)在脉冲发生器的触发下产生一个个的窄光脉冲，光脉冲经耦合器耦合后进入待测光纤。与此同时，OTDR 的光检测器(O/E 变换器)在随时接

收和检测由背向瑞利散射与菲涅耳反射产生的反向传输光，OTDR 利用背向散射对光脉冲在光纤中的传输状况进行评价，其功能模块结构如图 10-1 所示。

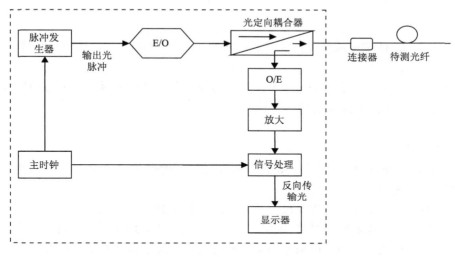

图 10-1 OTDR 结构框图

(1)背向瑞利散射：由于光纤在制造过程中存在材料的微小折射率变化、光纤芯区掺杂成分的非均匀性，当光在光纤中传输与这些尺寸在光波长量级的自身缺陷相遇时，这些缺陷作为散射中心将光纤中传输的光向各个方向散射，其中一部分散射光的方向和入射光的方向相反，称为背向散射，如图 10-2 所示，背向瑞利散射光的强度与入射光波长的四次方成反比，与光纤的长度成反比。

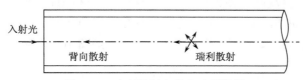

图 10-2 瑞利散射和背向瑞利散射

(2)菲涅耳反射：光在传输过程中通过折射率不同的介质时产生的反射称为菲涅耳反射。菲涅耳反射是离散的反射，出现在整条光纤中的个别点处，通常发生在光纤的连接点(连接器)、光纤的故障点(断裂)和光纤末端等处，如图 10-3 所示。

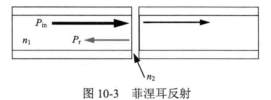

图 10-3 菲涅耳反射

光在光纤中传输产生的有效光功率的减少即为光损耗，以分贝(dB)定义的光纤传输损耗为

$$A = 10 \lg \frac{P_{\text{ref}}}{P_{\text{out}}} \tag{10-1}$$

式中，P_{out} 是 OTDR 端口发出的光脉冲功率；P_{ref} 是 OTDR 端口检测到的背向反射的光功率。

事件点的距离 d 根据测量从光脉冲信号发出到脉冲信号返回出发端口所需的时间 t 和光在光纤中传输的速度计算，有

$$d = \frac{c}{n} \times \frac{t}{2} \tag{10-2}$$

式中，c 是光在真空中的速度；n 是被测光纤芯区的折射率；$t/2$ 是光信号传输单程需要的时间。

OTDR 具体工作时，当发出的窄光脉冲作为探测信号进入光纤或光网络传输后，光纤内各处离散状况(材料缺陷、杂质、折射率的微小起伏等)将产生背向瑞利散射，同时光纤端面、机械连接器、结合点或故障点等处折射率的突变会产生菲涅耳反射，这些瑞利散射和菲涅耳反射的背向散射光不断返回光纤的入射端，其功率随着传输距离的增大而不断减小，OTDR 的光检测器接收并将这些返回的光信号转换为电信号，随后输出至电路系统进行放大和平均化处理，提高信噪比。OTDR 通过分析这些返回的背向散射光的时间和空间信息，借助其强度随着传输距离的衰减计算相应的传输时间，不断评估并判断光纤连接点、光纤终端或熔断点的空间位置，测量光纤的长度及其损耗大小，最终以平均结果的形式通过显示器呈现背向散射光(反向传输光)由光纤而导致的衰减(损耗/距离)程度。这是一条逐渐下降的轨迹曲线，曲线上不同位置处有脉冲状凸起或台阶状下降，展现出被测量光纤或光缆沿其长度上的光损耗分布特性，如图 10-4 所示。

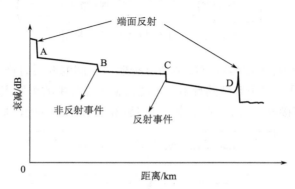

图 10-4　OTDR 的典型损耗特性曲线

OTDR 的损耗特性曲线的横坐标表示反向传输光信号(背向散射信号)回到窄光脉冲注入点的距离，即光脉冲的传输距离，它与被测试的光纤或光缆长度相对应；纵坐标是被测试光纤或光缆的光损耗大小，以 dB 表示，它对应于接收到的反向传输光功率，给出了在整段测试光纤内光信号传输的强弱变化状况。

2. 光纤连接器性能参数

光纤连接器是将两根光纤进行连接的器件，也称为光纤活动连接头。光纤连接器的基本功能是将在一根光纤中传输的光能量最大限度地传输(耦合)到另一根接收光纤中，同时提供灵活、可重复拆卸的连接方式。在光纤与光纤之间的活动连接过程中，光纤连接器需要将两根光纤的端面彼此同轴、贴近地对接起来，如图 10-5 所示，以取得尽可能大的光纤耦合效率，又要将对接入光纤通路产生的影响降至最低，使由此产生的光能量损耗最少。

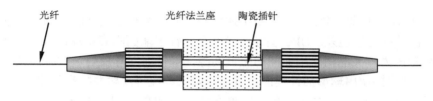

图 10-5 　光纤连接器对接示意图

光纤连接器只有和同类型的法兰座配合使用，才能将两根光纤连接在一起形成光通路。可见，光纤与光纤之间(光纤插针端面之间)不可避免地存在一定的空气间隙，导致菲涅耳反射的产生。

1) 常见光纤连接器的连接形式

由于历史的原因，国际上还没有统一使用的光纤连接器与具体规格，目前全球共有 70 多种光纤连接器,主要是由精密陶瓷(金属)插针和陶瓷管组成的光纤连接器。这些光纤连接器的具体结构有所不同，通过旋拧、插拔的方式连接两根光纤，连接器所使用的插针直径多是 2.5mm 和 1.25mm，形成了各式各样可用于连接单模或多模光纤的光纤连接器。按照连接头的结构形式，主流连接器品种可分为 FC、SC、ST、LC、D4、DIN、MU、MT 等形式，其中，FC、ST、SC 光纤连接器使用的插针直径是 2.5mm，LC、MU 光纤连接器使用的插针直径是 1.25mm。

同时，为减小光纤连接器产生的菲涅耳反射，以及避免插针端面反射光返回输入光纤，可采用不同形状的插针端面，以减少端面反射，改善连接器的回波损耗性能。根据插针端面的几何形状，应用中常用的光纤连接器连接头结构形式有 FC 型、PC 型、UPC 型和 AFC 型几种，如图 10-6 所示。

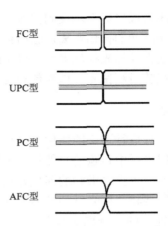

图 10-6　光纤连接器接头端面形状及对接示意图

由图 10-6 可见，FC 型连接由于插针平端面间存在空气间隙，易产生菲涅耳反射，回波损耗性能差。UPC 型连接时两个插针平端面刚好物理接触，不产生大的面接触压力，又能消除端面间的空气间隙，降低菲涅耳反射，改善回波损耗性能。PC 型连接使用球形插针端面，进一步降低菲涅耳反射并提高回波损耗性能。AFC 型连接将球形插针端面倾斜一定角度(通常为 8°)，可大幅度地减少端面反射，极大地提高回波损耗性能。由于 AFC 型连接时插针端面有倾角，AFC 型的光纤连接头不能直接与 PC 型的光纤连接头对接，以免造成永久性的连接头损伤。

2) 光纤连接器重要特性指标

光纤连接器接入光纤链路后将产生传输光功率的减少，形成损耗。所连接的两根光纤间的纤芯直径有差异、光纤内导模模场直径不相同、光纤数值孔径不同、芯区/包层折射率不同，这些光纤自身参数不匹配导致的损耗称为固有损耗，固有损耗无法通过改进连接工艺得到减小。由相连的两根光纤之间存在空隙、不同轴、彼此倾斜和折角产生的损耗称为非固有损耗，非固有损耗可以通过连接方式和连接工艺的改进与提高得以改善和减小。

光纤连接器重要的性能参数包括插入损耗和回波损耗。

(1) 插入损耗。

由光纤连接器接入光链路而引起的传输信号有效光功率的减少量称为光纤连接器的插入损耗，定义为

$$I_{\mathrm{L}} = -10\lg\frac{P_{\mathrm{o}}}{P_{\mathrm{i}}} \tag{10-3}$$

式中，P_{i} 为进入光纤连接器的光功率；P_{o} 为从光纤连接器出射的光功率。

当然插入损耗越小越好，插入损耗小意味着光纤连接器的接入对光纤链路造

成的影响小。通常要求一个光纤连接器的插入损耗小于0.5dB，对高速传输的光纤系统则要求其插入损耗小于 0.3dB。

(2)回波损耗。

光纤中传输的光信号经过光纤连接器时在光纤连接处产生的对入射光功率的反射分量，定义为

$$R_L = -10\lg\frac{P_r}{P_i} \tag{10-4}$$

式中，P_i 为进入光纤连接器的光功率；P_r 为在光纤连接处产生的反射光功率。

回波损耗数值越大越好，回波损耗大意味着在光纤连接处产生的光反射功率 P_r 较小，返回的反射光对光链路或光源的影响小，可以提高光链路中传输的光稳定性，ITU 建议经过专业处理的光纤连接器在使用中产生的回波损耗要低于 38dB。

五、实 验 内 容

(1)认识光时域反射仪，初步了解 OTDR 的基本功能及简单操作。

(2)运用 TR600 型光时域反射仪测量光纤连接器的损耗。

六、实 验 步 骤

1. TR600 型光时域反射仪的基本功能及操作

TR600 型 OTDR 的测试模式、参数和设置如下：

TR600 型光时域反射仪由我国桂林聚联科技有限公司生产，具备多种常用功能，体积小，使用方便，其外形及各功能键说明如图 10-7 所示。它具体有测试模式的选择、测试模式的设定等功能，并可根据实际需要设定测试模式的具体测量参数。

1)测试模式

该 OTDR 具有三种测试模式：自动测试、实时测试和平均测试。

自动测试：该模式下 OTDR 将根据被测光纤的情况自动设置和调整测试参数，对被测光纤或光纤链路进行测试，测试完毕后自动进行数据分析，给出测试曲线。

实时测试：该模式下 OTDR 将根据当前设置的测试条件对被测光纤或光纤链路进行实时扫描测试，测试曲线的显示不断被更新。实时测试的测试时间短，对测试数据中干扰信号的抑制性能较差，因此测试数据的准确度不高。

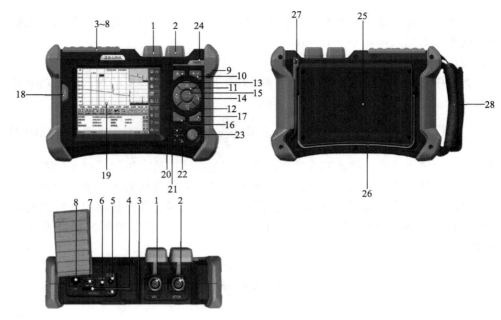

图 10-7　TR600 型光时域反射仪的外形

1-光接口 1/VFL/OTDR1；2-光接口 2/OTDR2；3-充电指示灯；4-SD 卡接口；5-电源适配器接口；6-耳机接口；
7-USB 接口；8-以太网接口；9-主页按键；10-测量/停止按键；11-向上移动光标按键；12-向下移动光标按键；
13-向左移动光标按键；14-向右移动光标按键；15-确认按键；16-返回按键；17-A/B 线切换按键；
18-Shift 功能按键；19-触摸屏；20-VFL 指示灯；21-OTDR 测量指示灯；22-电源工作指示灯；
23-电源开关按键；24-产品型号名称；25-充电锂电池仓；26-U 形支架；27-触摸笔；28-腕带

　　平均测试：该模式下 OTDR 将根据当前设置的测试条件对被测光纤或光纤链路进行实时扫描测试，测试曲线被不断地进行平均处理，直到平均次数达到设定值时 OTDR 才停止测试，最终显示多次平均后得到的特性测试曲线。

　　自动测试模式下，使用者无须自己设置测试参数，OTDR 会根据被测光纤的情况自动设置和调整测试参数。实时测试和平均测试模式均为手动测试，使用者根据自己的需要设置测试参数，OTDR 将根据使用者设置的测试参数进行测试。

　　2) 测试参数

　　在手动测试过程中，使用者需要根据实践要求设定以下参数。

　　波长：用于设定 OTDR 的测试波长，可选 1310nm 或 1550nm。

　　折射率：该 OTDR 默认设置的光纤芯区折射率为 1.4685。测试时具体光纤芯区的折射率数值可询问光纤生产厂家，若所设置的光纤芯区折射率不准确，则 OTDR 测量得到的光纤长度也不准确。

　　测试时长：用于设定平均测试的时间长短。测试时长越长，则平均处理次数越多，测得的特性曲线越光滑（即信噪比越高，这对测试长距离光纤更有用），高的信噪比将有助于 OTDR 检测更小的事件点，提高测试精度。

测试距离：用于设置扫描曲线的范围，即 OTDR 测试的最远距离。使用中设置的量程必须大于被测光纤的实际长度。根据实践经验，一般设置测试距离为被测光纤长度的 1.2～2 倍。

脉冲宽度：用于设定测试时使用的激光脉冲的宽度。较大的脉冲宽度能够测试较长的光纤，但分辨率低；较小的脉冲宽度具有较高的分辨率，但能够测试的距离较短。OTDR 可设置的脉冲宽度与所选取的测试量程有关。

衰减：用于设定信号的衰减量。如果设置的衰减最小，则能测试的光纤长度最长，但光纤近端可能饱和(显示为一条直线)；如果设置的衰减最大，则能测试的光纤长度最短，且测试曲线的信噪比较低，但测试盲区会较小。如果被测光纤的长度很长，可分段进行测试，通过手动测试采用较大的衰减值测试近端的光纤，采用较小的衰减值测试远端的光纤。

3) OTDR 操作界面介绍

TR600 型 OTDR 主操作窗口如图 10-8 所示，分为迹线图区域、迹线操作按钮区域、信息窗区域、菜单图标按钮区域和状态栏区域。

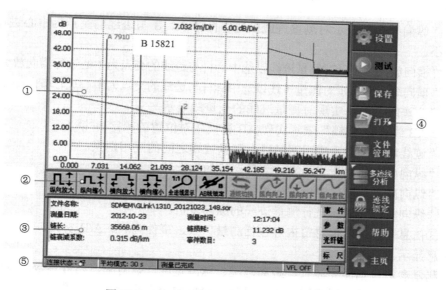

图 10-8 TR600 型 OTDR 主操作界面示意图

①迹线图区域。该区域显示一次测量后得到的迹线。

迹线定义：完成一次测量后，将结果作为距离的函数进行显示的反射功率图(迹线图，图 10-9)，迹线图的纵轴代表背向散射的功率，横轴代表距离，事件点用红色进行标识。

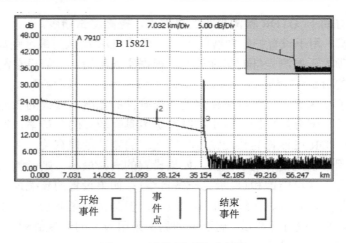

图 10-9　迹线图区域示意图

②迹线操作按钮区域。

"纵向放大"表示对测量迹线以选中标杆 A、B 与迹线的交点为中心进行纵向放大。

"纵向缩小"表示对测量迹线以选中标杆 A、B 与迹线的交点为中心进行纵向缩小。

"横向放大"表示对测量迹线以选中标杆与迹线的交点为中心进行横向放大。

"横向缩小"表示对测量迹线以选中标杆与迹线的交点为中心进行横向缩小。

"全迹线"表示实现对测量迹线的全迹线显示。

"AB 线锁定/解锁"表示实现 AB 标尺相对位置的锁定/解锁。

"迹线切换"表示实现两条以上测量迹线之间的互相切换。

"纵向向上移动"表示完成测量迹线的向上移动。

"纵向向下移动"表示完成测量迹线的向下移动。

"纵向复位"表示进行测量迹线的纵向复位。

③信息窗区域。信息窗内容包括测量参数、事件列表、A/B 标尺、分析参数等信息显示。

测量参数包括激光波长、距离范围、脉冲宽度、折射率、回散系数、反射门限、结束门限、非反射门限、测量时长，参数的定义及设置见"设置"菜单。使用者需要查看这些具体的参数时，单击"参数"按钮便能在信息窗中查看参数的具体信息，如图 10-10 所示。

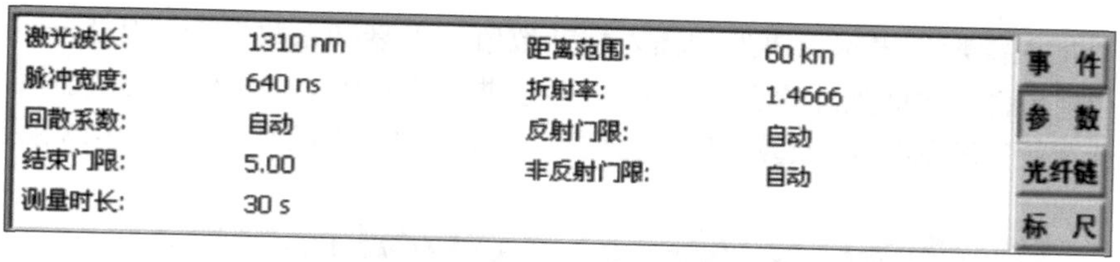

图 10-10　测量参数信息窗显示

光纤链信息包括文件名称、测量日期、测量时间、链长、链损耗、链衰减系数、事件数目；文件名称、测量时间、测量日期的定义及设置见"设置"菜单。使用者需要查看光纤链信息的时候，单击"光纤链"按钮便能在信息窗中查看光纤链的具体信息，如图 10-11 所示。

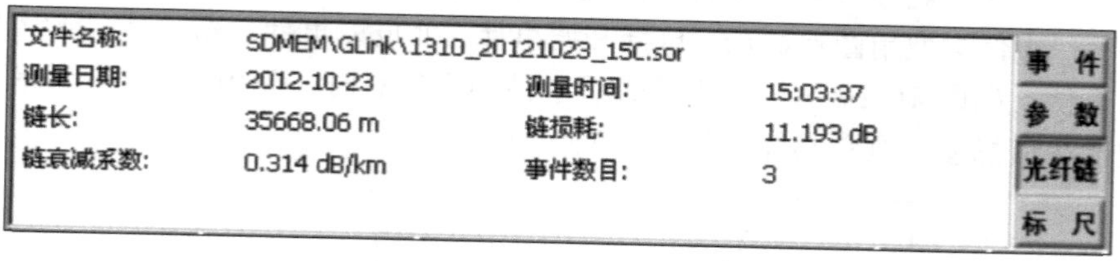

图 10-11　光纤链信息窗显示

标尺信息包括 A(或 B)点的位置、A(或 B)点插入损耗、A(或 B)点回波损耗、A(或 B)点累计损耗、AB 段距离、AB 段两点损耗、AB 段两点衰减系数、AB 段 LSA 损耗、AB 段 LSA 衰减系数。标尺用于标识和分析单个事件、曲线段以及距离。标尺信息中将出现如距离、标尺间的损耗和衰减系数等信息。当改变任何一个标杆时，显示的记录值将随之改变。使用者需要查看标尺信息的时候，单击"标尺"按钮就能在标尺信息窗中查看标尺的具体信息，如图 10-12 所示。

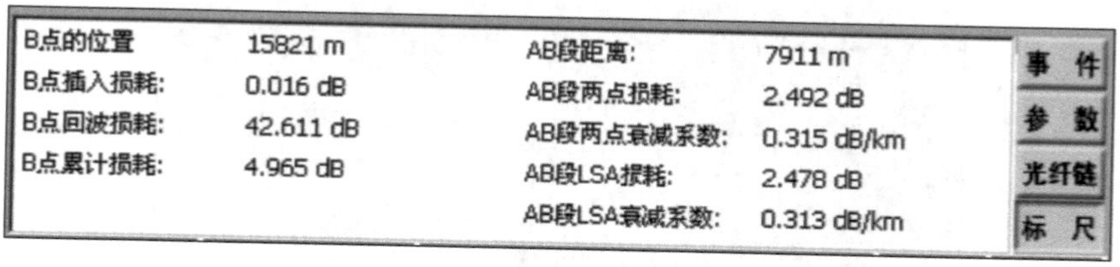

图 10-12　标尺信息窗示意图

事件列表显示的数据包括序号、类型、位置、插入损耗、衰减系数、回波损耗、累计损耗。"序号"表示迹线图上与当前显示对应的第 n 个事件的具体信息；"类型"表示该事件点的事件类型；"位置"表示从光纤起始点到该事件点的距离；"插入损耗"表示该事件的插入损耗数值；"衰减系数"表示从上一个事件点到当前事件点之间光纤的衰减特性；"回波损耗"反映了该事件点的反射值大小；"累计损耗"表示从光纤起始点到当前事件点光纤的总损耗值，如图 10-13 所示。

序号	类型	位置 m	插入损耗 dB	衰减系数 dB/km	回波损耗 dB	累计损耗 dB		事 件
1	⊢	0	0.000	-.---	45.077	0.000		参 数
	⊏	25294	7.968	0.315	-.---			光纤链
2	⊓	25294	0.016	-.---	42.611	7.984		
	⊢⊣	10327	3.181	0.308	-.---			标 尺

图 10-13　事件列表信息窗示意图

　　事件列表是将事件点和事件段的数据分开显示，事件序号只是对事件点的顺序编号。事件类型用图片显示，包括开始事件、非反射事件、光纤段、反射事件、结束事件，如图 10-14 所示。需要查看事件列表信息时，使用者单击"事件"按钮便能在信息窗中查看具体事件的列表信息。

| 开始事件 | 非反射事件 | 光纤段 | 反射事件 | 结束事件 |

图 10-14　事件类型标识示意图

　　④菜单图标按钮区域。"设置"菜单包括三个选项卡：参数设置、文件设置和系统设置。每次开机后 OTDR 的数据设置默认为上一次操作使用的设置数据，如图 10-15 所示。

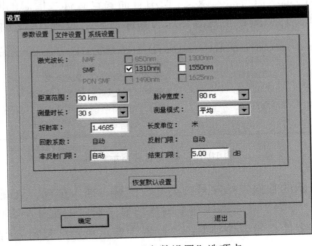

图 10-15　"参数设置"选项卡

进行参数设置时，激光波长、距离范围、脉冲宽度、测量时长、测量模式、折射率、非反射门限、结束门限为可选项；长度单位、回散系数、反射门限为指定项。

激光波长：使用者选项。常用波长有多模光纤波长：850nm、1300nm；单模光纤波长：1310nm、1550nm。该 OTDR 可以选择多个波长进行测试，"多波长测量模式"下，OTDR 在同一个光接口输出选择的多个波长依次按顺序自动执行完成测量，使用者可以设置不同波长下的分析和文件进行存储。注意：多波长测量只在平均模式下有效，实时模式下不允许多波长测量。

距离范围：使用者选项，可选项包括自动、300m、1km、5km、10km、30km、60km、100km、180km。

脉冲宽度：使用者选项，可选项包括自动、5ns、10ns、20ns、40ns、80ns、160ns、320ns、640ns、1.28μs、2.56μs、5.12μs、10.24μs、20.48μs。

测量时长：使用者选项，可选项包括 5s、10s、15s、30s、1min、2min、3min。如果当前测量选用实时测量模式，选中的测量时长在测量中将不再起作用。

测量模式：使用者选项，可选项包括平均、实时。当选用实时测量模式时，选中的测量时长在测量中将不再起作用。

长度单位：米。TR600 型 OTDR 不提供选择或用户设置。

折射率：使用者设置项，输入范围为 1.0000～1.9999，默认值设定为 1.4685。

反射门限：TR600 型 OTDR 不提供选择或用户设置。

非反射门限：使用者设置项，输入范围为 0.01～2.99，默认值设定为自动，当手动设置值为 0.00 时，也转化成自动值。

结束门限：使用者设置项，输入范围为 1～19.99dB，默认值设定为 5.00dB。结束门限是 OTDR 在处理数据时作为查找事件点的阈值，表示低于结束门限设定值的事件点将被滤除，高于结束门限设定值的事件点才被显示。

恢复默认设置：单击"恢复默认设置"按钮后，距离范围为"自动"，脉冲宽度为"自动"，测量时长为 10s，激光波长为 1550nm，测量模式为"平均"，长度单位为"米"，折射率为 1.4685，回散系数为"自动"，反射门限为"自动"，非反射门限为"自动"，结束门限为 5.00dB。

"测试/停止"按钮：OTDR 开机后，进入主操作窗口界面，单击"测试"按钮，首先进行光纤中是否有光的检测，然后进行仪表与待测光纤连接头的连接状态检测，待这两个检测结束后直接进入 OTDR 的测试，测量模式和"参数设置"中的测量模式选项对应。光纤中是否有光的检测是为了检测光纤链路中是否存在光信号；如果有光，从保护仪表和通信设备的角度考虑，则单击"停止"按钮终止本次测试，给出警告提示，提示方式：弹出警告对话框。

OTDR 测量数据准确与否和 OTDR 与待测光纤连接头的连接状态密切相关，对连接状态的检测分为好和差两个等级，检测结束后在 OTDR 状态栏中给予提示，但不影响 OTDR 的测量。在 OTDR 的测试过程中，单击"停止"按钮，OTDR 测试立即停止，图 10-16 为 OTDR 的测试界面。

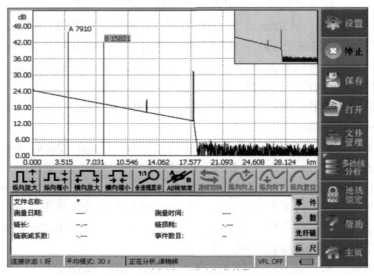

图 10-16　OTDR 测试界面

　　⑤状态栏区域。OTDR 的状态栏分别提供五类功能状态显示：连接状态显示、测量模式状态显示、测试进度状态显示、VFL 状态显示、电源状态显示，图 10-17 为状态栏信息。

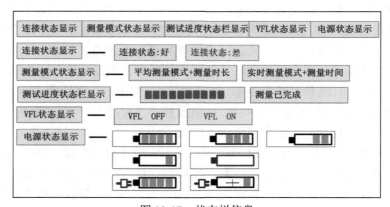

图 10-17　状态栏信息

2. 光纤连接器损耗的测量

连接损耗测量方法如下：

(1)将 TR600 型 OTDR 连接输入电源,长按 OTDR 面板右下角的开关键 ⏻ 开机,LCD 屏幕点亮后将出现如图 10-18 所示的界面,选择 OTDR 模块,进入主操作窗口,让 OTDR 预热 2min。

图 10-18　TR600 型 OTDR 开机界面

(2)在 OTDR 预热的过程中,单击"设置"按钮,在"参数设置"选项卡中设置参数如下:激光波长为 SMF1550nm、距离范围为 1km、脉冲宽度为 5ns、折射率为 1.4685、测量时长为 1min、测量模式为"平均"、非反射门限为"自动"、结束门限为 5.00dB,单击"确定"按钮返回到主操作界面。

(3)用光时域反射仪测量光纤连接器特性时,测试曲线的事件表能直接提供每个事件节点的"插入损耗""回波损耗""衰减系数""距离"等数据。为提高测试结果的准确性,可使用长度长一点的光纤连接,避免盲区的影响。实验中按照图 10-19 所示搭建测试光纤链路,首先用酒精擦拭干净光纤盘 1 的输入端连接头,将该连接头 A 与 OTDR 的测试端口连接,单击"测试"按钮。测试完成后得出测试曲线,在"事件表"窗口位置单击"参数"按钮,读取光纤衰减系数本底值 α_2,并将该数据填入表 10-1。

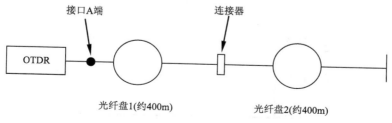

图 10-19　测量光纤连接器示意图

表 10-1 连接损耗测试数据表

测量 OTDR 端口连接损耗参数				
链路距离实测值/理论值/m	接口端插入损耗/dB	端口回波损耗/dB	链路总衰减系数/(dB/km)	链路总损耗/dB
测量法兰盘连接损耗				
法兰损耗标称值	AB 段距离 d/m	AB 段衰减系数 α_1/(dB/km)	光纤衰减系数本底值 α_2/(dB/km)	AB 段损耗 A_1/dB · 光纤固有损耗 A_2/dB · 法兰连接损耗 A/dB
0.2dB				
5dB				

（4）取 0.2dB 法兰盘分别与光纤盘 1 输出端连接头和光纤盘 2 输入端连接头相接构成整个测试链路（注意：收集好光纤盘上连接头的防尘帽）。单击"测试"按钮对整个光纤链路进行测量，待测试完成获得测试曲线后（图 10-20），在"事件表"窗口位置单击"事件"按钮，读出连接头 A 的位置、OTDR 端口的插入损耗以及回波损耗，将数据填入表 10-1；单击"光纤链"按钮，读取整条光纤链路的总长度和总衰减系数，将测量数据分别填入表 10-1。

（5）由于光纤连接器存在的位置将在 OTDR 测试曲线上出现菲涅耳反射峰，通过滑动屏幕上的测试标记线，使反射峰落在测试标记 A 和 B 之间，便可以读出 AB 段的衰减系数 α_1 及 AB 段光纤的长度 d，计算出该段的损耗 A_1（$A_1 = \alpha_1 d$）。用光纤的衰减系数本底值 α_2（即不进行任何连接时的光纤衰减系数）与 AB 段长度 d 相乘，计算出该段光纤的固有损耗 A_2（$A_2 = \alpha_2 d$）。A_1 与 A_2 的差值即为连接器的损耗 A。

因此，将标尺定位到光纤连接器的位置，使菲涅耳反射峰落在测试标记 A 和 B 之间，如图 10-20 所示。单击"标尺"按钮，读取 AB 段的衰减系数 α_1 及 AB 段长度 d 并将数据填入表 10-1。

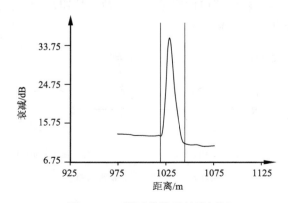

图 10-20 测试曲线反射峰标记

(6)在界面右侧单击"保存"按钮，保存测试曲线及事件数据。

(7)将连接器换成 5dB 衰减的法兰盘，重复步骤(4)～步骤(6)，对比两次实验得到的测试曲线及数据。

七、思 考 题

(1)为什么 AFC 型连接将球形插针端面倾斜的角度设置为 8°？

(2)影响 OTDR 测量精度的因素一般有哪些？

(3)影响光纤连接器损耗大小的因素有哪些？

(4)为保证测量的插入损耗和回波损耗数据的一致性,在光纤链路接入光纤连接器时应该如何操作，注意些什么？

实验 11　光时域反射仪的使用(二)

一、引　　言

　　光时域反射仪(OTDR)是基于光在光纤中传输时的背向瑞利散射和菲涅耳反射引起的反向散射理论制成的精密光电一体化仪表,是通信工程中的"万用表"。由于其功能众多,OTDR 被广泛用于光纤光缆的工程应用中,如光纤长度及均匀性、光纤损耗、光纤接头熔点损耗、光纤或光缆上的各特征点、断裂处或故障点定位等的测量,为光纤光缆的施工、维护、监测及验收提供了便利。

二、实 验 目 的

　　(1)进一步熟悉 OTDR 的操作和使用。
　　(2)了解光时域反射仪的盲区及其对测量的影响。
　　(3)了解工程实践中常见的光纤链路故障,掌握用 OTDR 测试分析光纤链路故障。

三、实 验 仪 器

　　(1)TR600 光时域反射仪　　　　　　1 台
　　(2)400m 光纤盘　　　　　　　　　　3 盘
　　(3)400m 熔接光纤盘　　　　　　　　1 盘
　　(4)30m 光纤　　　　　　　　　　　　1 条
　　(5)0.2dB 常规法兰盘　　　　　　　　3 个
　　(6)3dB、5dB 法兰式衰减器　　　　　各 1 个
　　(7)酒精、擦镜纸

四、实 验 原 理

　　光时域反射仪(OTDR)的功能类似于一个雷达,它将发出的光脉冲送入光纤链路,通过接收光纤链路内各处离散状况(材料缺陷、杂质、折射率的微小起伏等)

及折射率突变处(光纤端面、机械连接器、故障点等)产生的背向散射光(瑞利散射和菲涅耳反射),根据背向散射光功率随着传输距离的增大而不断减小判定光纤链路的损耗特性,以损耗特性给出整段测试光纤链路内光信号传输的强弱状况,用非反射事件、反射事件的形式给出光纤链路内的信息及事件状态,如图 11-1 所示。

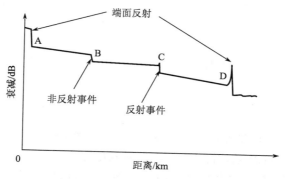

图 11-1　OTDR 的典型损耗特性曲线

　　若 OTDR 工作正常,对于一根光损耗系数一定、无其他瑕疵的光纤,光纤特性曲线是一条从左到右向下倾斜的直线,该直线的斜率即该光纤的损耗系数。通常,特性曲线上的凸起、下降台阶等偏离直线的状况被称为“事件”,“事件”意味着是由正常光纤自身之外的原因造成的光损耗或光反射功率突变,表明该根光纤出现异常的状况。

1. 事件分类

OTDR 损耗特性曲线上的事件分为反射事件和非反射事件两类。

(1)非反射事件:指单纯衰减后信号的瑞利散射,是光纤内存在的损耗,损耗处不出现光反射。在特性曲线上非反射事件表现为一个台阶状下降或功率的跌落,表明在该位置产生了额外的损耗,如图 11-2 所示。典型的非反射事件出现于连续光纤中的较大的损耗产生处,例如,光纤的熔接点、光纤小曲率半径弯曲、光纤的细微裂纹、无空气间隙的连接器等。

(2)反射事件:指光纤中的折射率突变处产生的损耗,或菲涅耳反射功率突然变化的异常点。在特性曲线上反射事件表现为类似一个脉冲的尖峰信号,表明在该位置产生了较强的光反射,如图 11-3 所示。典型的反射事件出现于光纤中存在间隙的位置,如光纤的断点(空气间隙)、破损点和裂点(有足够大的空气间隙)、存在空气间隙的连接器和机械接头、光纤的末端等。

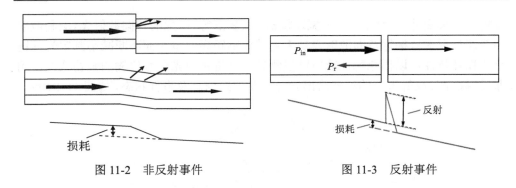

图 11-2　非反射事件　　　　　　　　　图 11-3　反射事件

2. 盲区

OTDR 在测试光纤链路时，由于菲涅耳反射的影响出现反射事件，当较"强"的反射使光进入 OTDR 后，其光电探测器及其电路将在一段时间(或一段距离)内处于饱和状态，暂时无法探测光信号并准确定位光纤链路中的事件点和故障点，直到它恢复正常为止，这段距离就是盲区。盲区的直接后果导致 OTDR 无法分辨距离较近的两个事件，不能精确测算相近事件之间的衰减损耗。根据事件的性质，盲区分为事件盲区和衰减盲区。

1) 事件盲区

事件盲区定义为 OTDR 能够分辨的两个反射事件间的最短距离，即在第一个反射峰后，OTDR 可检测到另一个连续反射事件的最小距离，通常这段距离被定义为反射峰从峰值下降至 1.5dB 处的水平距离，如图 11-4 所示。

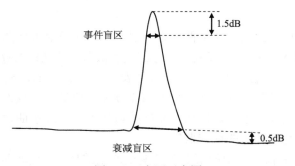

图 11-4　盲区示意图

2) 衰减盲区

衰减盲区是指一个反射事件之后，OTDR 能够精确测量连续非反射事件的最短距离，即菲涅耳反射峰起始点到反射恢复到正常光纤反射水平的距离。通常这段距离定义为反射事件起点距事件结束背向散射光上移 0.5dB 后水平的距离，如

图 11-4 所示。

3）盲区宽度

光脉冲宽度是影响 OTDR 盲区宽度的主要参数。光脉冲宽度越宽，光信号越强，则反射事件所产生的菲涅耳反射光也越强。在光脉冲宽度这段时间里，包括瑞利背向散射在内的其他光信号均会被掩盖，造成 OTDR 无法识别出这些光信号，导致盲区扩大，盲区宽度(M)与光脉冲宽度(τ)之间的关系为

$$M = \tau \times \frac{c}{n} \tag{11-1}$$

式中，n 为光纤芯区折射率；c 为光速。

4）动态范围

动态范围是 OTDR 端口检测到的背向散射光电平信号与特定噪声级别电平信号($背向散射信号为不可见信号$)的 dB 差值，动态范围的大小决定 OTDR 可测光纤的最大距离。

OTDR 的盲区只与反射事件有关，事件的反射强度越大，所造成的探测器饱和越严重，需要恢复的时间就越长，从而 OTDR 盲区也越大。盲区的大小决定了一台 OTDR 能有效分辨光纤链路上两个可测事件所需的最短距离，即两点的分辨率。对具体的一台 OTDR，其盲区越小越好。但 OTDR 的盲区与其发射的脉冲宽度和待测事件本身的反射强度相关。OTDR 发送短脉冲时，产生的盲区小，测试中具有分辨两个相邻事件的高分辨率，但能测试的有效距离较短，且特性曲线的噪声较大，相应的动态范围较小。随着 OTDR 发送脉冲宽度的增加，能测量的有效距离增大，分辨两个相邻事件的距离较大，相应的动态范围也较大，但测量盲区也扩大，测试时获得的分辨率降低，如图 11-5 所示。

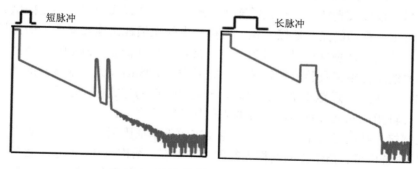

图 11-5 脉冲宽度与盲区的关系示意图

因此在实际应用中，需要明确光脉冲宽度对盲区宽度的影响，根据具体的测试场合和条件，与其他因素综合考虑，选择合适的光脉冲宽度。例如，对 OTDR 附近的光纤和相邻事件点进行测量时使用窄脉冲，而对光纤远端进行测量时使用

宽脉冲，尽可能地减少盲区的负面影响，提高测试分辨率，降低测试中的误差。

5）伪增益

使用 OTDR 时，有时会遇到"伪增益"现象，这是部分非反射事件出现"增益"的过程，如图 11-6 所示。它往往出现在两根模场直径不同光纤的熔接点处，此时熔接点处的背向散射会突然增加，表现为特性曲线上出现一个上升。而光纤在实际的光传输过程中只有衰减，不可能产生增益。

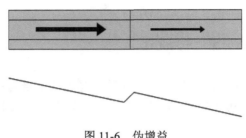

图 11-6 伪增益

为消除"伪增益"带来的测量错误，获得光纤真正的损耗数值，常采用双向平均测量法，颠倒光纤的输入和输出端，用 OTDR 从被测光纤的两端分别对该光纤进行测试，将正向和反向输入两次测量的光纤损耗值相加取平均（不是绝对值相加，而是带有正负号相加）。

3. 光纤的熔接

光纤的熔接是用光纤熔接机热熔石英玻璃光纤的断面，把断了的光纤和光纤或光纤和尾纤连接起来，形成一个整体的光通路，将在一根光纤中传输的光能量传输到另一根接收光纤中。与光纤连接器连接光纤的方式相比，熔接提供的是固定、不可重复拆卸的光纤连接方式。熔接产生的光损耗比连接器产生的光损耗小很多，熟练人员常规操作可以做到一个熔接点的损耗低至 0.02dB（电信网光纤数字传输系统工程施工及验收暂行技术规定要求≤0.08dB），光纤连接器的插入损耗＜0.5dB。因此，在远距离信号传输时，多采用熔接的方式把一段段光纤或光缆熔接成长传输距离的光纤链路，以降低光信号传输的衰减。

在熔接光纤的过程中，熔接损耗主要来源于本征因素和非本征因素两大类。

（1）本征因素：指熔接的两根光纤因自身材料、结构尺寸、制造工艺的不同引起的损耗，如光纤的纤芯直径不相同、光纤导模场直径不匹配、纤芯截面不圆、纤芯和包层同心度不佳等。

（2）非本征因素：指由光纤熔接工艺过程中的缺陷造成的损耗，如端面间隙、轴心倾斜、轴心错位、光纤端面质量不佳等情况。

本征因素产生的光纤熔接损耗难以避免，非本征因素导致的熔接损耗则可以通过改善熔接工艺条件及环境、提高熔接人员的操作技术水平、合理设置熔接参数等手段减小，最终提高光纤熔接质量。

4. 光纤链路常见事件和故障

在光纤工程实践中，当工程应用连接、安装、调试结束后，需要对完成的整个光纤链路进行指标检测，对链路整体的传输损耗、链路信号传输质量、工程施工质量做出评价。检测时使用的主要工具便是光时域反射仪，检测的项目或状况主要涉及链路的损耗和长度、连接器、熔接点、光纤的过度弯曲、光纤气泡、光纤应力裂纹等。

其中，光纤链路的损耗和长度是最基本的参数，损耗包括光纤本身因吸收、散射、弯曲等产生的光能量损失，伴随着光信号传输距离越长，信号整体的衰耗将越大，通信质量下降。长度测量的意义还在于了解光纤链路上各种事件点的准确位置。根据 OTDR 测出的特性曲线，可以判断光纤熔接点是否出现故障，连接器的光纤接头端面是否良好、接头点是否接触异常，光纤纤芯直径不同时，纤芯是否对准，光纤连接、铺设时是否因捆扎、挤压发生过度弯曲等事件或故障的情况，影响光纤链路的通信质量，这在高速传输光网络的实践中尤其重要。

五、实 验 内 容

(1)光时域反射仪盲区的测量，体会脉冲宽度对盲区的影响。
(2)用光时域反射仪测量光纤熔接点的损耗。
(3)用光时域反射仪测量并分析光纤链路。

六、实 验 步 骤

1. 光时域反射仪盲区的测量

(1)将 TR600 型 OTDR 连接输入电源，长按 OTDR 面板右下角的开关键⏻开机，选择 OTDR 模块，进入主操作窗口，让 OTDR 预热 2min。

(2)在 OTDR 预热的过程中，单击"设置"按钮，在"参数设置"标签中设置参数如下：激光波长为 SMF1550nm、距离范围为 1km、脉冲宽度为 5ns、折射率为 1.4685、测量时长为 1min、测量模式为"平均"、非反射门限"自动"、结束门限为 5.00dB，单击"确定"按钮返回到主操作界面。

(3)用酒精擦净光纤连接头，按照图 11-7 搭建并连接光纤链路。连接完成后，单击"测试"按钮得到测试特性曲线。

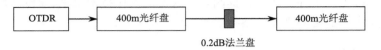

图 11-7　盲区测试光纤链路

（4）使用"纵向放大"和"横向放大"功能，对法兰盘产生的反射峰进行局部放大。根据实验原理对盲区的定义，结合图 11-4 读取事件盲区宽度 d_1 和衰减盲区宽度 d_2，将测试数据填入表 11-1。

表 11-1　盲区测试数据

事件盲区宽度 d_1/m	衰减盲区宽度 d_2/m					
脉冲宽度/ns	5	10	20	40	80	160
30m 光纤处两端反射峰是否合为一个事件						
30m 光纤两端连接处反射峰是否完整						

（5）按照图 11-8 所示，将一段 30m 光纤盘接入光纤链路中，搭建脉冲宽度对盲区宽度的影响测试链路（注意：用酒精擦净光纤连接头）。

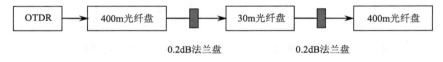

图 11-8　盲区与脉冲宽度关系测试光纤链路

在 OTDR"设置"中改变"脉冲宽度"，分别设置测试脉冲宽度为 5ns、10ns、20ns、40ns、80ns、160ns，单击"测试"按钮得到与相应脉冲宽度对应的测试特性曲线，典型的不同脉冲宽度反射峰测试曲线如图 11-9 所示。

观察测试曲线，记录 30m 光纤两端连接处反射峰的状态，将变化现象记录入表 11-1（注意：脉冲宽度越大，盲区也越大，因此在较大的脉宽下，两个事件将有可能不能被分辨而成为一个合并事件）。

2. 光纤熔接损耗测量

（1）将 TR600 型 OTDR 连接输入电源，长按 OTDR 面板右下角的开关键⏻开机，选择 OTDR 模块，进入主操作窗口，让 OTDR 预热 2min。

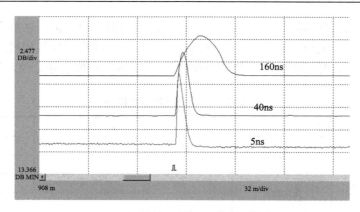

图 11-9 OTDR 不同脉冲宽度测试曲线

(2) 在 OTDR 预热的过程中，单击"设置"按钮，在"参数设置"标签中设置参数如下：激光波长为 SMF1550nm、距离范围为 1km、脉冲宽度为 5ns、折射率为 1.4685、测量时长为 1min、测量模式为"平均"、非反射门限"自动"、结束门限为 5.00dB，单击"确定"按钮返回到主操作界面。

(3) 用酒精擦净光纤连接头，按照图 11-10 将 400m 熔接光纤盘(光纤盘由多个熔接点接续)输入端连接头 A 接入 OTDR 的测试端口。连接完成后，单击"测试"按钮得到测试特性曲线。

图 11-10 光纤熔接损耗测试链路

(4) 由测试特性曲线(图 11-11)可见，特性曲线明确显示存在五个事件：第一个事件是 OTDR 与光纤盘的连接点(连接器)，第二、三、四个事件为熔接事件点，

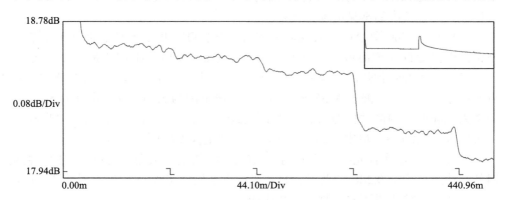

图 11-11 熔接损耗典型测试结果

第五个事件为光纤末端结束事件。右上角局部图为第三个熔接事件放大，对测试曲线进行局部纵向放大有利于快速找到熔接点位置并准确测量其损耗数值。在事件列表中读取光纤三个熔接点处的熔接损耗 A_1、A_2、A_3 数值并记录入表 11-2。

表 11-2　熔接损耗测试数据表

熔接点序号		1	2	3
熔接损耗/dB	正向测量	A_1	A_2	A_3
	反向测量	A_1'	A_2'	A_3'
	平均值			

　　(5) 返回步骤(3)，反向连接该光纤盘。即将 OTDR 的测试端口连接该光纤盘的输出端 B 进行反向测试，保持测试条件不变(注意：用酒精对 B 端光纤连接头进行清洁)，连接完成后，单击"测试"按钮得到测试特性曲线。测试光纤并分析曲线。

　　(6) 根据所得测试特性曲线，在事件列表中读取光纤三个熔接点处的熔接损耗 A_1'、A_2'、A_3' 的数值并记录入表 11-2(注意：反向测量熔接点时，各熔接点的顺序与正向测量相反，不要弄错各熔接点相应的损耗值)。将同一熔接点处的双向损耗值相加取平均(带正负号相加)，计算得到该熔接点的实际损耗值。

　　(7) 分析实验数据并得出实验结果。

3. 光纤链路事件测量

　　本测量采用器件模拟的方法模拟光纤链路中经常出现的故障。主要针对光纤连接损耗(法兰盘)、光纤熔接损耗(熔接点)、盲区(30m 光纤)、裂纹(5dB 衰减器)等模拟光纤链路中的常见故障并进行测试。

　　(1) 将 TR600 型 OTDR 连接输入电源，长按 OTDR 面板右下角的开关键 ⏻ 开机，选择 OTDR 光时域反射仪模块，进入主操作窗口，让 OTDR 预热 2min。

　　(2) 在 OTDR 预热的过程中，单击"设置"按钮，在"参数设置"选项卡中设置参数如下：激光波长为 SMF1550nm、距离范围为 5km、脉冲宽度为 5ns、折射率为 1.4685、测量时长为 1min、测量模式为"平均"、非反射门限为"自动"、结束门限为 5.00dB，单击"确定"按钮返回到主操作界面。

　　(3) 用酒精擦净各光纤连接头，按照图 11-12 搭建测试光纤链路，除 5dB 衰减器外，法兰盘均是 0.2dB 法兰盘。将各光纤盘连接并接入 OTDR 的测试端口后，单击"测试"按钮得到链路测试特性曲线。

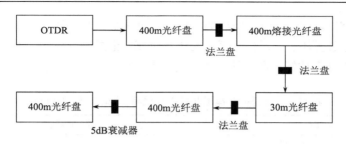

图 11-12　光纤链路特性测试示意图

（4）由测试特性曲线（图 11-13）可见，特性曲线明确显示存在九个事件：第一个事件为 OTDR 与光纤链路的起始连接点（连接器），第二个事件为法兰盘反射事件，第三、四、五个事件为熔接事件点，第六、七个事件为法兰盘反射事件（盲区），第八个事件为 5dB 衰减器造成的反射事件，第九个事件为光纤末端结束事件，仔细观察特性曲线上各事件，比较曲线特征和差异。单击"事件表"窗口"事件"按钮，在事件列表中读取各个事件点的损耗数值并填入表 11-3 中。

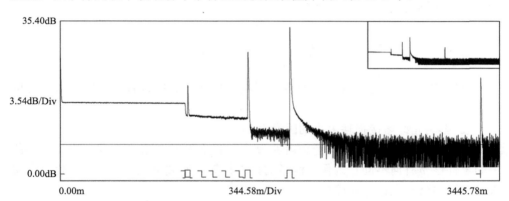

图 11-13　OTDR 测试光纤链路典型测试结果

表 11-3　光纤链路模拟测量事件损耗（测试波长 1550nm）

序号	故障类型		事件类型	位置/m	插入损耗/dB	回波损耗/dB
1	光纤链路起始段					
2	法兰盘 1					
3	盲区	法兰盘 2				
		法兰盘 3				
4	裂纹（5dB 衰减器）					
5	光纤链路末端					

(5) 返回步骤(2)，重新设置 OTDR 的测量参数。将测试波长改为 1310nm，保持其他参数设置不变，对该光纤链路进行测试。记录测试特性曲线，单击"事件表"窗口"事件"按钮，在事件列表中读取各个事件点的损耗值，填入表 11-4 中。

表 11-4　光纤链路模拟测量事件损耗(测试波长 1310nm)

序号	故障类型		事件类型	位置/m	插入损耗/dB	回波损耗/dB
1	光纤链路起始段					
2	法兰盘 1					
3	盲区	法兰盘 2				
		法兰盘 3				
4	裂纹(5dB 衰减器)					
5	光纤链路末端					

(6) 观察特性曲线上的事件曲线特征，比较分析不同波长下光纤链路测试曲线的相同点和不同点。

七、思　考　题

(1) OTDR 的盲区对其测试结果的影响是什么？哪些设置参数可以改变盲区大小？

(2) 影响光纤熔接损耗大小的因素有哪些？

(3) OTDR 特征曲线上的反射峰强度表示什么？其数值大小反映出光纤链路中的事件性质有何不同？为保证测量的插入损耗和回波损耗数据的一致性，在接入光纤连接器时应该如何操作，注意些什么？

(4) 用 OTDR 测试光纤损耗时，常采用双向测试平均法，为什么？

实验 12   光隔离器特性测量实验

一、引　　言

光隔离器是典型的光无源器件之一。它只允许光沿一个方向传输而阻挡反方向光的通过，以保证光的单方向传输性，防止光传输路径中由于各种原因产生的反向传输光对传输光路系统的稳定性或光源造成不良的影响。光隔离器在精密光学测量、光纤通信、光纤传感以及光信息处理系统中具有重要和广泛的应用。

二、实 验 目 的

(1)理解光隔离器的基本结构和工作原理。
(2)了解光隔离器的主要性能并掌握其参数测试方法。
(3)掌握光隔离器在光纤传输系统中的基本应用。

三、实 验 仪 器

(1)LD 光源　　　　　　　　1 个
(2)光功率计　　　　　　　　1 个
(3)光隔离器　　　　　　　　2 个
(4)2×1 光耦合器　　　　　　1 个
(5)光时域反射仪　　　　　　1 台
(6)1550nm 单模阶跃光纤　　4 根
(7)光纤偏振态控制器　　　　1 个
(8)光纤连接器　　　　　　　5 个

四、实 验 原 理

在光通信系统的传输线路或精密光学测量的光路中，众多的光器件存在许多平界面，这些平界面将不同程度地引起沿光纤或沿测试光路反方向传输的反射光，导致光路系统之间产生自耦合效应，或导致光放大器的增益变化和自激，从而使激光光源工作不稳定(输出频率漂移或强度变化等)和整个光纤传输系统无法正常工作。光隔离器在工作中对沿正向传输的光信号衰减很小，而对沿相反方向传输的光信号衰减很大，构成对反向传输光的抑制或隔离，形成光传输的单向通路。光隔离器是一种双端口的具有非互易特性的光器件，其单向通光性能有效地降低和抑制系统中界面反射光的回返，防止反射光对光源和光路系统的不利影响，提高光传输的效率和光源的稳定性。

　　光隔离器根据其内部结构可分为块状型、光纤型和波导型；根据其偏振特性又可分为偏振相关型和偏振无关型。块状型结构主要由透镜、偏振器和法拉第旋转器等分立的微型化元件构成，体积相对较大。光纤型的两端有光纤输入和输出，其主要构成元件体积小、重量轻、抗机械振动性能好。波导型主要由波导工艺制成，属于集成光学器件，方便与光纤耦合，体积小、热稳定性和机械稳定性较好。一般情况下，偏振相关型的光隔离器常做成微型块状化的，不论入射光是否是偏振光，经过偏振相关型光隔离器后的出射光均为线性偏振光。偏振无关型的光隔离器对输入光的偏振态依赖性很小，常做成光纤型(在线型)的，便于置入光偏振特性不稳定的光纤传输系统。

　　典型的光纤型光隔离器外形及其内部结构如图 12-1 所示。

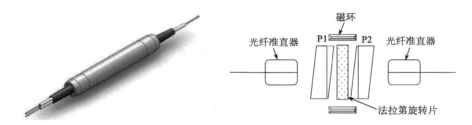

图 12-1　楔形偏振无关型光隔离器(光纤型)

　　由图 12-1 可见，楔形偏振无关型光隔离器主要由光纤准直器、楔形双折射晶体片(P1、P2)、法拉第旋转片和磁环四个元件组成，P1 和 P2 彼此的光轴相差 45°角。当由光纤输入的光经光纤准直器(自聚焦透镜)后沿正向通过楔形双折射晶体片 P1，光束即被 P1 分为偏振方向相互垂直的 o 光和 e 光(它们的传输方向彼此成一夹角)。它们继续通过 45°法拉第旋转片时，出射的 o 光和 e 光的偏振面均被法拉第旋转片顺时针旋转 45°，从而与 P2 的光轴方向同向，两束光经折射汇合成两束间距很小的平行光耦合进入输出光纤，最终正向传输的光以很小的功率损失顺利穿过隔离器。而当反向入射光进入光隔离器时，经光纤准直器后入射楔形双折射晶体片 P2，输入光同样被分为 o 光和 e 光。但由于法拉第旋转片的单向旋转性，o 光和 e 光穿过法拉第旋转片后，它们的偏振面继续向同一个方向旋转 45°，在进入第二个楔形双折射晶体片 P1 后，o 光和 e 光彼此交换了角色，原先的 o 光变成 e 光，e 光变成 o 光。因此，e 光和 o 光经 P1 折射后沿出射方向进一步分离(e 光和 o 光的折射率不同)，无法经自聚焦透镜顺利耦合进入输出光纤，从而达到反向隔离的目的。楔形光隔离器的结构采用有角度分离光束的方式获得光隔离，造成反向传输光产生较大的传输损耗，从而与光进入隔离器的偏振状态无关(偏振无关型光隔离器)，这种传输损耗便是光隔离器的隔离度。

对于偏振相关型光隔离器，还可以采用图 12-1 的结构，将 P1 和 P2 两个楔形双折射晶体片换成两个线性偏振片(两个偏振片的光轴成 45°夹角)，让反向入射光的偏振方向与输出线性偏振片方向正交，完全阻断反射光的传输。具体过程是，当正向入射的光经 P1 起偏后成线偏振光，通过 45°法拉第旋光片时，出射光的偏振方向顺时针旋转 45°与 P2 的光轴(起偏方向)相同，从而顺利透射；而被反射回来的光经 P2 起偏后，穿过法拉第旋光片时继续顺时针旋转 45°，则到达 P1 时光的偏振方向便与 P1 的起偏方向相垂直，最终反向光被切断(隔离)而无法透射出隔离器。

光隔离器的主要技术参数包括插入损耗、反向隔离度、回波损耗和偏振相关损耗等，这些技术参数直接影响使用光隔离器的整个光系统的性能。高性能的光系统要求光隔离器插入损耗低、反向隔离度高、回波损耗大、偏振相关损耗低，具有高的可靠性和稳定性。

1. 插入损耗(insertion loss)

插入损耗指光隔离器正向放入光纤链路中所产生的光功率额外损失，是光正向传输时光隔离器的输出光功率 P_2 与正向输入的光功率 P_1 之比，如图 12-2 所示，以分贝(dB)表示。光隔离器的插入损耗主要来自其组成元件(双折射晶体片或偏振片、法拉第旋转片和光纤准直器)对光的吸收，以及各元件的装配精度。

$$IL = -10\lg \frac{P_2}{P_1} \quad (dB) \tag{12-1}$$

图 12-2　光隔离器正向光输入(隔离器上的箭头表示光正向输入的方向)

2. 反向隔离度(isolation)

反向隔离度指当光反向通过光隔离器时引起的光功率损失，是光反向入射光隔离器时其输出光功率 P_2 与入射光功率 P_1 之比，如图 12-3 所示，以分贝(dB)表示。反向隔离度表征光隔离器对反向传输光的衰减能力，是光隔离器最重要的参数之一。影响反向隔离度的主要因素有：隔离器组成元件光学表面的反射率（偏振无关型）、偏振片之间微小的夹角错位（偏振相关型）及偏振片的消光比、双折射晶体片与法拉第旋转器之间的距离、法拉第旋转片的转角误差等。

$$ISO = -10\lg\frac{P_2}{P_1} \quad (dB) \tag{12-2}$$

图 12-3　光隔离器反向光输入

3. 回波损耗(return loss)

回波损耗是指光沿正向入射到光隔离器时，入射光功率 P_1 和反方向返回光隔离器输入端口的光功率 P_2 之比，如图 12-4 所示，以分贝(dB)表示。光隔离器的回波损耗主要来自其组成元件光学表面的反射，采用表面镀增透膜或斜面耦合等手段可有效减少元件表面的反射光，提高光隔离器的回波损耗。回波较强(P2 大)将严重影响光隔离器的隔离度。

$$RL = -10\lg\frac{P_2}{P_1} \quad (dB) \tag{12-3}$$

图 12-4　光隔离器回波损耗

4. 偏振相关损耗(polarization dependent loss)

对于偏振无关型光隔离器，偏振相关损耗是指当偏振方向彼此垂直的光(TE或 TM)分别入射时引起的插入损耗之差，以分贝(dB)表示。偏振相关损耗表征光隔离器的插入损耗受入射光偏振状态影响的程度，其主要来源于各组成元件的斜面及高折射率双折射晶体片。

$$PDL = IL_{TE} - IL_{TM} \quad (dB) \tag{12-4}$$

五、实 验 内 容

(1)用 LD 光源和光功率计测量并计算光隔离器的插入损耗、反向隔离度、回波损耗和偏振相关损耗。

(2)用光时域反射仪进行光隔离器上述参数的测量,与用光源和光功率计的测量进行对比?

六、实 验 步 骤

1. 插入损耗测量

(1)按图 12-5 所示用 1550nm 单模光纤连接 LD 光源和光功率计,注意将光纤连接头的"限位销"与 FC 连接座的"限位槽"对准,适当用力旋到位。开启光源开关,设置光源参数:输出波长为 1550nm,输出功率为 1mW。开启光功率计开关,设置光功率计参数:输入波长为 1550nm,测试功率单位为 mW。分别测量 LD 光源通过实验提供的几根光纤后的输出光功率,分别记录并标记连接光源的光纤连接头,这时光功率计测量到的便是 LD 光源输出的入纤光功率或输入光功率 P_1,挑出入纤光功率较大的光纤备用。

图 12-5　光源输出功率测试

(2)按图 12-6 所示将光隔离器正向接入光纤链路,光隔离器的输入端接 LD 光源的输出端光纤;光隔离器的输出端接光功率计的输入端,这时光功率计测量到的便是光隔离器正向连接后的输出光功率 P_2。将测试数据 P_1 和 P_2 填入表 12-1,通过式(12-1)计算测试的光隔离器的插入损耗。

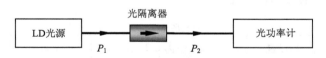

图 12-6　插入损耗测试光路

表 12-1　光隔离器的插入损耗测试数据

光隔离器	输入功率 P_1/mW	输出功率 P_2/mW	IL/dB
光隔离器 1			
光隔离器 2			

2. 反向隔离度测量

设置 LD 光源和光功率计的参数,完成对输入光功率 P_1 的测量后,按图 12-7

所示将光隔离器反向接入光纤链路，即掉转光隔离器的前后端，将光隔离器的输出端接 LD 光源的输出端光纤；光隔离器的输入端连接光功率计的输入端，这时光功率计测量到的便是光隔离器反向连接后的输出光功率 P_2。将测试数据 P_1 和 P_2 填入表 12-2，通过式(12-2)计算测试的光隔离器的反向隔离度。

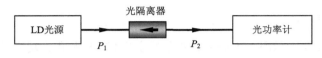

图 12-7　反向隔离度测试光路

表 12-2　光隔离器的反向隔离度测试数据

光隔离器	输入功率 P_1/mW	输出功率 P_2/mW	ISO/dB
光隔离器 1			
光隔离器 2			

3. 回波损耗测量

(1)测量光隔离器的回波损耗过程中，要使用光耦合器进行分束，对由光隔离器产生的返回光功率进行在线测量。因此在实际测量前，需要先对 2×1 光耦合器的实际分光比进行测量。按图 12-8 所示连接光纤链路，将 2×1 光耦合器的一个输入端光纤(端口 2)与 LD 光源连接，开启 LD 光源，设置光源和光功率计的参数。将 2×1 光耦合器的输出端与光功率计连接(端口 3)，这时光功率计测量到的便是系统通过光耦合器后的输入光功率 P_1。

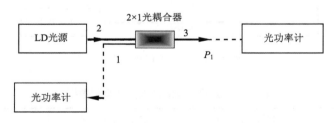

图 12-8　光耦合器分光比测量光路

(2)将 2×1 光耦合器的另一输入端光纤(端口 1)与光功率计连接，这时光功率计测量到的是在光隔离器未接入光链路时系统自身的返回光功率(留作计算返回损耗时扣除)。随后，将 LD 光源从光耦合器的端口 2 取下，转由端口 3 接入，通过 2×1 光耦合器反向输入将输入光分成两束，将光功率计分别连接光耦合器的端口 1 和端口 2，测量由这两个端口输出的光功率，计算 2×1 光耦合器的分光比。

(3)按图 12-9 所示将光隔离器正向接入光纤链路。在 2×1 光耦合器的端口 1 接入光功率计，端口 2 接入 LD 光源，端口 3 接入光隔离器，这时光功率计测量到的便是光隔离器接入系统后，系统的总返回光功率 P(注意：计算回波损耗时，需扣除 P 中包含的无隔离器时的返回光功率，利用光耦合器的分光比推算光隔离器产生的实际返回光功率 P_2)。将测试数据 P_1 和 P_2 填入表 12-3，通过式(12-3)计算测试的光隔离器的回波损耗。

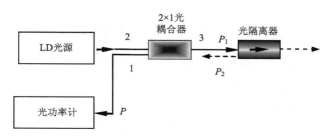

图 12-9 　光隔离器回波损耗测量光路

表 12-3 　光隔离器的回波损耗测试数据

光隔离器	输入功率 P_1/mW	输出功率 P_2/mW	RL/dB
光隔离器 1			
光隔离器 2			

4. 偏振相关损耗测量

(1)测量光隔离器的偏振相关损耗时，需要改变进入光隔离器光的偏振状态，实验中使用光纤偏振控制器进行输入光偏振状态的调整。按图 12-10 所示连接测试光纤链路，首先将 LD 光源与光纤偏振控制器输入端连接，光纤偏振控制器输出端与光功率计连接。开启 LD 光源，设置光源和光功率计的参数。随后交换调节光纤偏振控制器的 3 个偏转板，不断改变光纤中传输光的偏振状态，并观察光功率计的读数，待光功率计读数最大或最小时，记录它们的数据，这两个数据是光纤偏振控制器输出的两个极端光的功率(视它们的偏振方向彼此垂直)，作为 LD 光源通过光纤偏振控制器后的偏振相互垂直光的输入功率 P_1。

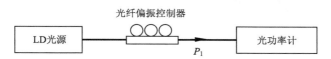

图 12-10 　光源通过光纤偏振控制器输出功率测试

(2)保持光链路中其他条件不变，接入光隔离器。按图 12-11 所示连接测试光纤链路，首先断开光功率计，将光隔离器正向接入光纤链路，即光隔离器输入端与光纤偏振控制器的输出端连接，光隔离器输出端连接光功率计。

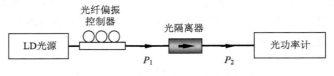

图 12-11　偏振相关损耗测试光路

(3)不断交换调节光纤偏振控制器的 3 个偏转板,连续改变正向进入光隔离器的光的偏振状态。观察光功率计显示，待光功率计读数取最大值或最小值时，便是光隔离器针对正向输入、偏振方向相互垂直光的两个输出光功率 P_2。记录并将它们的数据填入表 12-4，通过式(12-4)计算测试的光隔离器的偏振相关损耗，并判断它的偏振相关性。

表 12-4　光隔离器的偏振相关损耗测试数据

光隔离器	最大输入功率 P_1/mW	最大输出功率 P_2/mW	最小输入功率 P_1/mW	最小输出功率 P_2/mW	PDL/dB	光隔离器类型
光隔离器 1						
光隔离器 2						

(4)自行设计测量光路，利用光时域反射仪测量光隔离器上面的 4 个性能参数，通过测量数据进行比较，分析两种方法的优势及特点。

七、思　考　题

(1)以回波损耗为例，分析如何减小本实验测量中的误差并提高测量精度？
(2)光隔离器的反向隔离度数值越大，表明什么？
(3)利用光时域反射仪是否可以测量光隔离器的主要性能参数？为什么？
(4)如果在调节光纤偏振控制器的偏转板过程中,光纤偏振控制器的输出光功率极大值和极小值差不多，表明什么？

实验 13　布儒斯特角法测单层介质膜折射率实验

一、引　　言

在光学薄膜的制备和光电子技术的应用中，薄膜的折射率及其厚度是两个非常重要的特征参数。通过向薄膜内掺入不同的物质组分及数量，可在一定范围内改变或调整光学薄膜的折射率，以满足不同实际应用的需求；而薄膜的厚度则可通过改变薄膜的淀积时间或淀积过程来调整。因此，测量光学薄膜的折射率及其厚度是制备、使用、研究光学薄膜的一项基本任务。一般光学薄膜的厚度都很薄，往往涂覆在某种基片上，实际应用中不易非接触地对光学薄膜的折射率进行直接测量。本实验基于光波在分层介质中的传播理论，结合布儒斯特角讨论薄膜折射率的简便测量方法。

二、实　验　目　的

(1) 了解光学薄膜的参数及检测。
(2) 了解薄膜的光学常数测量。
(3) 掌握用布儒斯特角法测量光学介质的折射率的方法。

三、实　验　仪　器

(1) 旋转台	1 个
(2) 光纤准直镜	1 个
(3) 偏振分光棱镜	1 个
(4) 待测样品(镀氟化镁薄膜的 K9 平面镜)	1 个
(5) 积分球	1 个
(6) 光纤	2 根
(7) 卤钨灯光源	1 个
(8) 光纤光谱仪	1 个
(9) 显示白屏	1 个

四、实 验 原 理

　　在制造高性能光学仪器时，器件表面均镀有光学薄膜，包括在制备光学薄膜器件过程中，镀膜是关键的工艺之一。为保证光学薄膜器件的质量，需要对光学薄膜的特性进行检测和分析，保证其重要的特性参数须达到设计指标。光学薄膜的特性检测涉及三个方面：①光学特性，包括薄膜的反射率、透过率、吸收及散射性能测量。②光学常数，包括薄膜的折射率、消光系数和薄膜厚度。③非光学特性，主要包括薄膜应力、薄膜附着力和微结构等。其中，测量光学薄膜折射率的常用方法有阿贝折射仪法、干涉法、椭圆偏振法、V-棱镜耦合法(波导法)、布儒斯特角法、透射谱线法等；这些方法各自具有自己的优点及测量精度，它们在满足一定的测试条件下，具体针对固体或液体薄膜的折射率进行测量。

　　从理论上讲，在给定光学薄膜的折射率 n 和薄膜层的几何厚度 d 后，便可以计算光学薄膜的反射率特性曲线和透射率特性曲线，这属于正演运算。由于薄膜镀制工艺中各种因素的影响，根据正演运算中选取的介质参数去镀制光学薄膜元件会造成薄膜层参数发生微小的变化，且不同镀制工艺带来的影响不同，因此光学薄膜元件的实测特性曲线与正演运算特性曲线间彼此存在着差异，具体的体现便是薄膜层参数的变化。由实测光学薄膜特性推算膜层的折射率和薄膜几何厚度的方法属于反演运算，即光学薄膜的常数测量。因反演运算本身的多值性和反演方法的多样性，相对于正演运算问题，反演运算一般要复杂得多。

　　布儒斯特角，也称起偏角，指入射的自然光被介质界面反射后，反射光呈线性偏振时自然光的入射角。此时，反射光处于一个特殊的状态，即反射光电矢量的振动方向垂直于入射表面，并且反射光和折射光的振动方向相互垂直。

　　对光介质来说，若其性质在与某一个方向相垂直的平面上处处相同，则此介质为均匀介质。取这个方向为 z 轴并建立直角坐标系，若光介质由多种均匀介质组成，则这些不同均匀介质彼此的表面(平行于 xoy 平面)叠加便形成有材料分界面的分层介质。对于多层均匀折射率的介质薄膜(薄膜内部各层介质的折射率处处相等)，分层介质的折射率便只是坐标 z 的函数，可以表示为 $n=n(z)$。

　　对单层均匀介质膜而言(由两个界面所夹住的一层均匀介质薄膜)，其结构如图 13-1 所示。

　　若用 η_1、δ_1 分别表示单层均匀介质膜的修正导纳和有效位相厚度，则单层均匀介质膜的光学特性矩阵可表示为

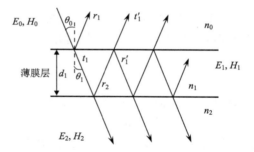

图 13-1 单层均匀介质膜结构

$$M_{\text{单}} = \begin{bmatrix} \cos\delta_1 & \dfrac{\text{j}}{\eta_1}\sin\delta_1 \\[2mm] \text{j}\eta_1\sin\delta_1 & \cos\delta_1 \end{bmatrix} \tag{13-1}$$

当一束单色光以入射角 θ_0 照射到该单层均匀介质膜表面时，由该膜反射的所有反射光的反射系数之和为(β 为相邻两出射光束间的相位差)

$$r = r_1 + t_1 r_2 t_1' \text{e}^{\text{j}\beta} + t_1 r_2^2 t_1' r_1' \text{e}^{\text{j}2\beta} + t_1 r_2^3 t_1' r_1'^2 \text{e}^{\text{j}3\beta} + \cdots \tag{13-2}$$

根据斯托克斯倒逆关系有

$$r_1' = -r_1 \tag{13-3}$$

$$t_1 t_1' = 1 - r_1^2 \tag{13-4}$$

则式(13-2)可写为

$$r = \frac{r_1 + r_2 \text{e}^{\text{j}\beta}}{1 + r_1 r_2 \text{e}^{\text{j}\beta}} \tag{13-5}$$

相应单层介质膜的反射率可表示为

$$R = r^2 = rr^* = \frac{r_1^2 + r_2^2 + 2r_1 r_2 \cos(2\beta)}{1 + r_1^2 + r_2^2 + 2r_1 r_2 \cos(2\beta)} \tag{13-6}$$

根据菲涅耳公式，单层均匀介质膜(图 13-1)表面不同模式电磁场的反射系数为

$$\text{TE：} \quad r = \frac{n_0 \cos\theta_0 - n_1 \cos\theta_1}{n_0 \cos\theta_0 + n_1 \cos\theta_1} = -\frac{\sin(\theta_0 - \theta_1)}{\sin(\theta_0 + \theta_1)} \tag{13-7}$$

$$\text{TM：} \quad r = \frac{n_1 \cos\theta_0 - n_0 \cos\theta_1}{n_0 \cos\theta_1 + n_1 \cos\theta_0} = \frac{\tan(\theta_0 - \theta_1)}{\tan(\theta_0 + \theta_1)} \tag{13-8}$$

当 $\theta_0 + \theta_1 = \pi/2$ 时，TM 波(横磁模式，P 偏振光)的反射率为 0，TM 波全部通过上表面进入介质膜；而由介质膜上表面反射的光全部是 TE 波(横电模式，S 偏振光)。故此特殊状态入射光对应的入射角 θ_0 称为布儒斯特角，定义为 θ_B。表

明若 TM 波(P 偏振光)以布儒斯特角(θ_B)从空气中入射到单层均匀介质膜表面时，则 TM 波无反射，它全部进入介质薄膜。布儒斯特角 θ_B 满足：

$$\tan\theta_B = \frac{n_1}{n_0} \tag{13-9}$$

若光从空气中射入薄膜，有 $n_0=1$，对于 TM 波(P 偏振光)，有

$$n_1 = \tan\theta_B \tag{13-10}$$

可见，一旦测量出单层均匀介质薄膜所对应的布儒斯特角 θ_B，便可以得到被测量介质薄膜的折射率。本实验具体学习运用布儒斯特角法测量光学薄膜的光学常数之一——介质薄膜折射率。

五、实 验 内 容

(1)学习运用布儒斯特角法测量氟化镁薄膜样品的折射率。

(2)进一步熟悉光纤光谱仪的使用和测量，学会利用积分球测量光强度。

六、实 验 步 骤

1. 系统准直

(1)按图 13-2 所示搭建实验光路。首先拧下光纤的防尘罩并收好，将光纤的一端连接到卤钨灯的接口，然后将光纤的另一端与固定于镜架上的光纤准直器的法兰连接；同时将偏振分光棱镜装在可调支架上并固定，用支架上的干板夹将观察白屏固定。拧松套筒上的支杆固定螺丝，垂直调整支杆伸出长度，尽量使光纤准直器、偏振分光棱镜、白屏中心处于同一高度位置。然后开启卤钨灯光源。

(2)将偏振分光棱镜连同支杆底座一同取下，调整白屏方向，将其有网格的一面正对光纤端口。粗略调整固定着光纤准直器的镜架，使从光纤端口射出的光束与观察白屏上某一纵行小孔所组成的直线基本处于同一高度，并尽量使光束垂直照射在白色光屏水平方向的中心。

(3)将白色光屏连同支杆底座一同拆下：①分别安装在距离光纤出射端口约 5cm 的位置，在白屏上记录此时光斑的位置以及其所对应的刻度(水平方向的刻度记为 x_1，垂直的方向的刻度记为 y_1)，如图 13-3 所示。②移动白屏及支杆底座至在距离光纤出射端口约 20cm 的位置，记录光斑所在位置对应的刻度(水平方向的刻度记为 x_2，垂直方向的刻度记为 y_2)。准直较好的结果应该是无论前后如何移动白色光屏的位置，光束光斑的中心应该维持在屏上几乎同一位置。③判断由光纤出射的光束是否有偏移。若 $x_2 > x_1$，表明光束在水平方向上偏向 x 轴增大方向。

若 $x_2 < x_1$，则光束在水平方向上偏向 x 轴减小方向。同理，可以通过比较 y_1 和 y_2 的大小来判断光束在垂直方向上是否存在上下偏离，以及偏离的方向。④通过比较两次记录的结果，可以判断出光束整体偏离轴心的情况及偏向哪个方向，从而决定下一步如何调整。首先转动棱镜支架支杆上的可调旋钮进行粗调，再转动镜架上的旋钮对棱镜的位置进行细调，让光斑中心向反方向移动，改变光斑中心在屏上的位置。

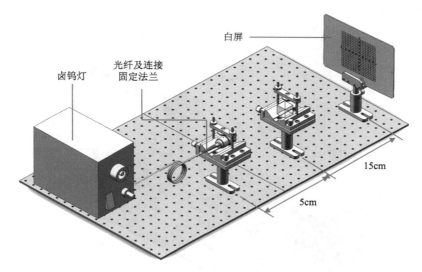

图 13-2　光源准直示意图

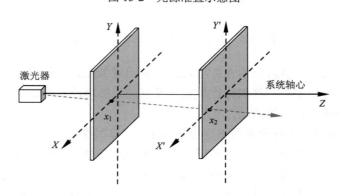

图 13-3　光屏上光斑的坐标位置

（4）首次调整结束之后，重复上述步骤，继续多次将白屏在光轴上前后移动，不断观察光斑的位置变化，直至在光轴上前后移动白屏(改变白屏与光纤准直器之间的距离)时，白屏上观察到的光斑中心位置几乎不再改变(光斑中心横坐标和纵坐标都几乎不再发生变化），则此时系统准直完成，关闭卤钨灯光源。

2. 测量样品折射率

（1）将白屏及支杆底座整体取下，在棱镜后约 17cm 的位置安装带旋转台的样品。将积分球固定于带支杆的磁座上，用第二根光纤的一端连接积分球，另一端连接光纤光谱仪（收好已取下的光纤防尘帽），把积分球置于平台适当位置，如图 13-4 所示。

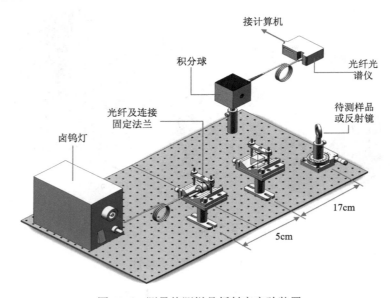

图 13-4　测量待测样品折射率实验装置

（2）开启卤钨灯光源，让由光纤出射的光束通过偏振分光棱镜中心后照射在镀氟化镁薄膜的样品中心，将积分球放置于没有分光棱镜反射光束的一侧，以避免此反射光束干扰实验测量结果。

（3）先将调节旋转台的测微螺旋读数调至零，再将转盘读数也调至零（不可反过来做，若先调零转盘读数，则在调零丝杆读数时会导致转盘读数再一次发生变化）。拧松待测样品下套筒的支杆固定螺丝，改变支杆垂直高度，使样品反射光在垂直方向上刚好与光纤准直镜处于同一高度，再转动调节支杆，使由样品反射的光刚好反射回光纤准直镜内，此时固定支杆。

（4）启动计算机，打开 Ocean Optics SpectraSuite 软件，将平滑度设置为 1，平均次数设置为 2，再将光谱仪下方的波长值设置为 650nm，波长值右方的红色数字即为此波长所对应的光强值。

（5）关闭门窗，拉好窗帘，关闭室内其他灯光，以尽可能避免其他光源对实验本身造成影响。保持入射光照射氟化镁薄膜样品，将旋转台转至 30°～40°，让积分球紧靠样品，尽可能多接收样品反射光，调节积分时间使软件显示在波长 650nm 处的光强度值约为 3500，波长设置右侧显示的数字即为当前波长对应的强度值，如 $\boxed{\lambda\,[\text{nm}]\ 650\quad\updownarrow\ 891.0}$ ，此时设置的积分时间即为后续实验用到的积分时间。

(6) 移开积分球，并将旋转台转盘调零。此时测试暗光光谱，选择软件中的"文件"选项，再依次单击其目录下的"储存"按钮、"储存暗光谱"按钮，完成暗光谱的储存。接下来单击"处理"按钮，以及其目录下的"处理模式"按钮、"扣除暗光谱"按钮，即可基本消除暗光谱的影响。

(7) 粗测样品反射光强。保持入射光照射氟化镁薄膜样品，让积分球紧靠样品接收样品反射光。此时大范围内转动测微螺旋调整旋转台，使旋转台读数值依次转动 10°、20°、30°、40°、50°、60°、70°，让积分球跟着样品反射光转动，每一次都用积分球尽可能多地接收样品的反射光，记录每一个旋转度数所对应的光强度值，填入表 13-1。

表 13-1　不同角度对应光强值（粗测）测量数据

光强值/lx	旋转台转动角度/(°)						
	10.00	20.00	30.00	40.00	50.00	60.00	70.00
第一次测量							
第二次测量							
平均光强值							

(8) 测量布儒斯特角。因布儒斯特角所在的角度区间内，反射光强度值较小，通过步骤 (7) 预先找出反射光强度值相对较小的角度区间后，继续在此角度区间范围内细化角度改变，进行精细测量。具体是慢慢旋转测微螺旋杆以转动旋转台，减小角度改变量，仔细测量反射光强度变化，角度每改变 0.5° 便记录一次反射光强度值（填入表 13-2），找出样品反射光最小值所对应的旋转台刻度位置，最小反射光强所对应的角度就是样品的布儒斯特角 θ_B。将此角度值代入公式 $n_1 = \tan\theta_B$，即可算出所测薄膜样品的折射率（填入表 13-3），最后可将算出的折射率与理论值进行比较分析。

表 13-2　确定角度区间内不同角度对应光强值（细测）测量数据

旋转台转动角度/(°)	第一次测量对应光强值/lx	第二次测量对应光强值/lx	第三次测量对应光强值/lx	第四次测量对应光强值/lx	第五次测量对应光强值/lx	光强平均值/lx
60.00						
59.50						

续表

旋转台转动 角度/(°)	第一次测量 对应光强值 /lx	第二次测量 对应光强值 /lx	第三次测量 对应光强值 /lx	第四次测量 对应光强值 /lx	第五次测量 对应光强值 /lx	光强平均值 /lx
59.00						
58.50						
58.00						
57.50						
57.00						
56.50						
56.00						
55.50						
55.00						
54.50						
54.00						
53.50						
53.00						
52.50						
52.00						
51.50						
51.00						
50.50						
50.00						

表 13-3　样品布儒斯特角测量数据

布儒斯 特角	第一次测量 /(°)	第二次测量 /(°)	第三次测量 /(°)	第四次测量 /(°)	第五次测量 /(°)	平均值 /(°)
θ_B						

七、思　考　题

(1) 分析该实验结果受哪些外界环境因素的影响。

(2) 实验中调整角度改变量对测量布儒斯特角有何影响？

(3) 布儒斯特角法还有哪些其他应用？

(4) 该实验中使用积分球的好处是什么？是否可以使用其他光探测器？

实验 14　白光干涉法测量薄膜厚度实验

一、引　　言

　　薄膜是一层厚度不同、有一定折射率的介质材料。薄膜的厚度是薄膜上表面到下表面之间的距离,借助薄膜的上下界面可以约束和改变光的传输方向和路径。若将薄膜做在基片上,薄膜的厚度便是基片表面到薄膜表面的距离。薄膜的实际厚度与标称值之间的细微差异,将影响薄膜的光学或电学性能。因此,测量薄膜的厚度可以检验该薄膜完成时是否满足设计的厚度指标,同时也为测量薄膜其他特性参数提供重要的基础数据,对薄膜的淀积、生产和应用具有重要的意义。本实验基于白光干涉光谱测量理论,搭建白光干涉系统,用白光干涉法测量光学薄膜的厚度。

二、实 验 目 的

　　(1)掌握白光干涉法测量薄膜厚度的原理并搭建测量系统。
　　(2)了解光谱最小二乘法拟合待测物理量的主要思想和算法流程。
　　(3)学会实验操作用光谱仪测量待测物的反射光谱。

三、实 验 仪 器

　　(1)卤钨灯光源　　　　　　　　　　　　　　　　1 个
　　(2)支杆　　　　　　　　　　　　　　　　　　　3 个
　　(3)反射式光纤探头　　　　　　　　　　　　　　1 根
　　(4)光纤光谱仪　　　　　　　　　　　　　　　　1 个
　　(5)SMA 法兰盘　　　　　　　　　　　　　　　　1 个
　　(6)镀有 MgF_2 薄膜的 K9 窗口镜片(样品 1)　　1 个
　　(7)未镀膜的 K9 窗口镜片　　　　　　　　　　　1 个
　　(8)镀 MgF_2 的薄膜镜片(样品 2)　　　　　　　1 个

四、实 验 原 理

　　光在入射到光学薄膜表面并进入薄膜的过程中，将在该薄膜的上下两个表面处发生多次反射。随着反射次数的增加，反射光的强度会逐渐减小。通常经过三次以上反射后，反射光的振幅已较小，因此理论上在计算多光束干涉时便忽略其对干涉效果的贡献，把多光束干涉近似为双光束干涉，只考虑薄膜上下表面反射时产生的两束反射光，如图 14-1 所示。用探测器（如光纤探测头）接收由薄膜上下表面的反射光产生的相干叠加，即可得到待测薄膜的反射光谱。

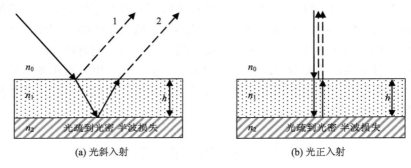

(a) 光斜入射　　　　　　　　　　　(b) 光正入射

图 14-1　薄膜双光束干涉原理图

　　当外界光源发出的光通过空气从光学薄膜的正上方入射到薄膜的上表面，发生第一次反射时，根据菲涅耳反射定律，双光束干涉得到的振幅反射系数（反射光振幅与入射光振幅之比）为

$$A_1 = \frac{n_0 - n_1}{n_0 + n_1} \tag{14-1}$$

式中，n_0 是空气折射率；n_1 是光学薄膜的折射率。

　　在第一次反射发生的同时，会有一部分光透射进入薄膜，透射光的振幅系数为

$$T = \frac{2n_0}{n_0 + n_1} \tag{14-2}$$

透射光在薄膜下表面与基底交界面再次发生反射，振幅反射率为

$$A_2 = \frac{n_1 - n_2}{n_1 + n_2} \tag{14-3}$$

式中，n_2 为基底的折射率，$n_2 > n_1 > n_0$。

　　若将入射光在薄膜的上下两个表面发生的多次反射都计入，经多次反射后接

收端所接收到的反射光的总振幅与入射光振幅相比的反射系数为

$$A = \frac{A_1 + A_2 e^{-j\beta}}{1 + A_1 A_2 e^{-j\beta}} \tag{14-4}$$

$$\beta = 2\pi n_1 h / \lambda \tag{14-5}$$

$$R = |A|^2 \tag{14-6}$$

式中，h 是光学薄膜的厚度；R 是光强度反射系数。

在测得薄膜样品的反射光谱后，依据光谱数据不容易得出薄膜厚度 h 的显式表达式，常通过作图、近似算法或用计算机进行数值反演才能得出待测薄膜的厚度 h。由于不同厚度的光学薄膜对入射在其表面的光产生的反射效果不同，在已知入射光的波长、光学薄膜的折射率和消光系数以及基底材料的折射率与消光系数后，可通过数学反演的方法来计算待测光学薄膜的厚度。本实验分别采集参考光、背景光、样品光的反射光谱，通过反射光谱对比，利用式(14-7)计算待测薄膜样品相对于参考样品反射光的光谱亮度比，得出待测薄膜样品的实验反射光谱，从而用数学反演算法拟合得出薄膜厚度的实验结果。

$$R(\lambda) = \frac{L_r(\lambda) - L_d(\lambda)}{L_s(\lambda) - L_d(\lambda)} \tag{14-7}$$

式中，$R(\lambda)$ 是光谱亮度比；$L_r(\lambda)$ 是参考光的反射信号强度；$L_d(\lambda)$ 是背景光的反射信号强度；$L_s(\lambda)$ 是样品光的反射信号强度。

五、实 验 内 容

(1)进一步熟悉光纤光谱仪的使用和测量,学会用光纤光谱仪测量实验背景参考光、参考物表面反射光的光谱，提高测量精度。

(2)搭建实验测试光路，采用白光干涉光谱测量方法，与参考物 K9 窗口玻璃进行对比，测量待测薄膜样品的厚度。

六、实 验 步 骤

(1)白光干涉法测量薄膜厚度的实验设置如图 14-2 所示，选择合适的实验器件和仪器，参照图 14-2 搭建实验测量平台。首先用 USB 接头连接光谱仪和计算机，架构实验样品支架。

(2)样品支架设置如图 14-3 所示，直支杆上装有两个支架，注意这两个支架的位置。下部支架连接 SMA 法兰盘，用于固定反射式光纤探头；上部支架连接镜座支架，用于放置待测物或参考物，搭建时让上方的镜座支架固定在距离下方的法兰盘镜座约 2cm 的位置，尽量保证它们垂直对应。实验中可分别将待测物或参考物薄膜放置在上支架的镜片座上，或分别插入带支杆的待测物或参考物固定镜座。

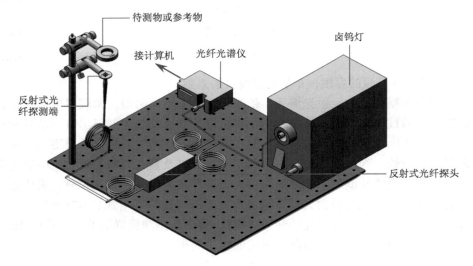

图 14-2　白光干涉薄膜厚度测量平台

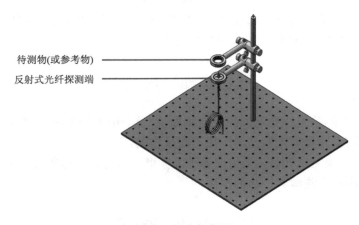

图 14-3　支架装置

(3) 布置并连接反射式光纤探头，如图 14-4(a) 所示。实验中使用的反射式光纤探头是一根复合光纤(包含 7 根光纤)，分有三个接头，如图 14-4(b) 所示，分别是入射端(光源端)、反射端(探测端)、采集端(出射端)。其中反射端由 7 根光纤组合而成，入射端由 6 根光纤组成，采集端由 1 根光纤组成。将反射式光纤探头的入射端与卤钨灯光源连接，采集端接头与光纤光谱仪连接，反射端接头连接 SMA 法兰盘。这样，由卤钨灯光源发出的光从反射式光纤探头的入射端进入光纤，从反射端(探测端)照射到参考物或待测物上，同时，反射式光纤探头的反射端兼具光的收集功能，将所收集到的光谱(待测物的样品光谱、参考物的参考光谱、背景光的光谱)通过光纤传输到光谱仪进行记录。

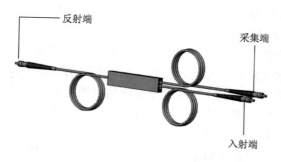

(a) 反射式光纤探头实物

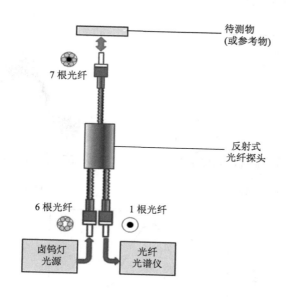

(b) 反射式光纤探头连接

图 14-4　反射式光纤探头的结构与连接

(4)开启卤钨灯光源的电源，让卤钨灯预热一段时间后再开启计算机。在计算机终端显示器上设置 Ocean Optics SpectraSuite 的数据来源为光纤光谱仪，以保证计算机能够接收到光纤光谱仪收集的光谱数据，显示数据的变化形态。

(5)采集反射光谱。实验中需要采集的反射光谱共有三个，分别是参考光谱(光照射到参考样品上的反射光谱)、背景光谱(没有样品时，光谱仪接收到的杂散光光谱)、样品光谱(光谱仪接收到的待测样品的反射光谱)。打开 RLE-SPEC 软件，设置 Ocean Optics SpectraSuite 中的参数，如积分时间等，让软件在显示屏上显示采集到的光谱曲线。实验中未镀膜的镜片(K9 玻璃基底镜片)为参考物，镀 MgF$_2$ 薄膜的镜片(K9 玻璃基底镜片)为待测物，未镀膜的 K9 玻璃基底镜片作为薄膜的载体，MgF$_2$ 薄膜为待测薄膜。

　①采集参考光谱。在样品支架的上支架上装载未镀膜的镜片，让反射式光纤探头的反射端连接 SMA 法兰盘，保证卤钨灯光照射到参考物，探头的反射端能采集到来自参考物的反射光，这时光谱仪收集到的反射光谱即为参考光谱。通过设置合适的积分时间和平均次数，同时调节卤钨灯光源的亮度，使 Ocean Optics SpectraSuite 软件显示的参考样品反射光谱曲线的峰值保持在 30000～35000，单击"保存光谱"按钮保存当前采集到的原始光谱数据，原始光谱数据文件的后缀是".raw"，复制此时的光谱曲线数据到粘贴板，然后用记事本粘贴并保存参考光谱数据，如图 14-5(a)所示。

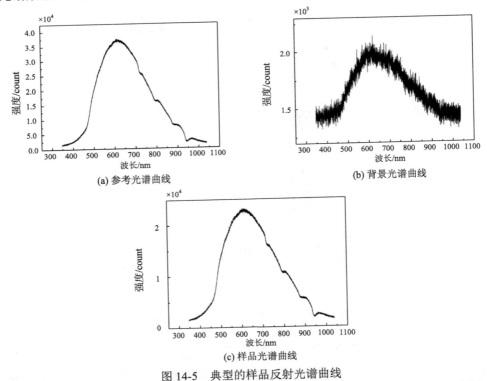

图 14-5　典型的样品反射光谱曲线

　注意：由于后续计算需要用到参考光谱、背景光谱和样品光谱数据，这三个光谱的测量需要在相同的参数状态下进行。因此，在反射光谱的测量过程中，如果其中一个反射光谱的谱线强度出现饱和现象，需要改变并重新设置光谱的采集参数，这样就须在新的光谱采集参数下重新测量这三个反射光谱，以便计算机的后续读入使用统一参数的光谱数据

②采集背景光谱。从样品支架取下未镀膜的镜片，让卤钨灯光源直接射出，此时光谱仪通过探头采集到的反射光谱为背景光谱；保持积分时间和平均次数等其他实验条件不变，在 Ocean Optics SpectraSuite 中会得到背景光谱曲线，如图14-5(b)所示。单击"保存光谱"按钮保存当前采集到的原始光谱数据，原始光谱数据文件的后缀是".raw"，复制此时的光谱曲线数据到粘贴板，用记事本粘贴并保存当前背景光谱数据。

③采集待测样品光谱。在样品支架的上支架换装上待测物(镀 MgF_2 薄膜的镜片)，让卤钨灯光照射到待测物，探头的反射端采集到的反射光谱为样品光谱。保持积分时间和平均次数等其他实验条件不变，在 Ocean Optics SpectraSuite 软件中可以看到待测样品光谱曲线，如图 14-5(c)所示。单击"保存光谱"按钮保存当前采集到的原始光谱数据，原始光谱数据文件的后缀是".raw"，复制光谱数据到粘贴板，用记事本粘贴并保存当前光谱数据为样品光谱。

(6)薄膜样品反射光谱的计算。插入软件狗，双击打开"薄膜测厚实验软件"，进入"读入数据"界面，依次单击"读入参考光谱"、"读入背景光谱"和"读入样品光谱"按钮，分别读入已记录保存的三种反射光谱数据。读入时选择文件类型为所有文件，待参考光谱、背景光谱和样品光谱数据分别被读入后，右击鼠标，选择"自动调整"→"所有轴"选项，软件将合并显示读入的这三个反射光谱，得到如图 14-6 所示的合并显示光谱。

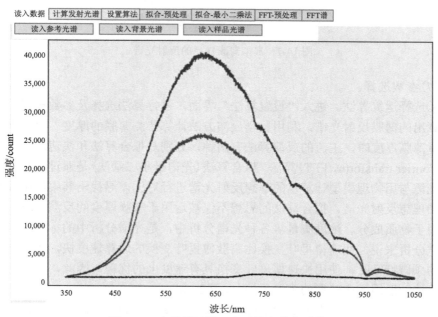

图 14-6　合并显示的三个反射光谱典型谱图

随后进入"计算反射光谱"界面，单击"计算反射光谱"按钮，软件自动对比参考光谱、背景光谱和样品光谱的数据，根据式(14-7)计算薄膜样品相对于参考样品的反射光谱亮度比，得出如图 14-7 所示的典型实测薄膜样品的反射光谱。单击"保存至文件"按钮，保存得到的薄膜样品反射光谱数据，反射光谱数据文件的后缀是".spec"。

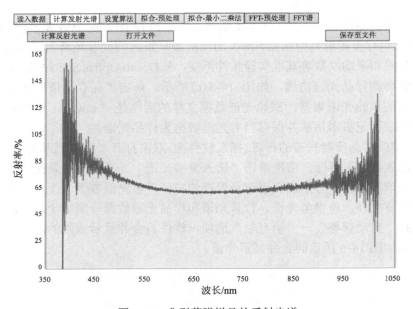

图 14-7　典型薄膜样品的反射光谱

(7) 参数选择。

① 选择运算算法。进入"设置算法"界面，进行算法选择及参数设置，借助已计算出的薄膜反射光谱，利用数学反演方法计算待测薄膜的厚度。用白光干涉法测量薄膜厚度时，主流的反演算法有两种，分别是拟合算法和快速傅里叶变换 (fast Fourier transform，FFT) 算法。拟合算法 (光谱最小二乘法) 是通过不断将实测反射光谱与用物理模型计算出的理想反射光谱进行对比，寻找出其中最接近实测光谱的理想反射光谱。拟合算法的思想不仅被运用于薄膜厚度的反演计算，还被广泛用于物质成分、浓度测量等各种光谱分析中，是光谱分析中的标准方法。对于频谱分析来说，快速傅里叶变换比离散傅里叶变换的运算速度快，当需要分析信号的频谱特征时，使用快速傅里叶变换具有速度上的优势。因此，快速傅里叶变换算法一般用于比较厚的膜厚反演 (大于 $2\mu m$)。

② 选择波长范围。由于实验中待测薄膜的厚度小于 $2\mu m$，因此选择拟合算法进行膜厚的反演计算。在软件界面中设置"起始波长"和"终止波长"，以选择

确定反演计算的波长区间。

　　③选择厚度范围。通过设置"最小厚度"和"最大厚度"，以指定拟合算法中的厚度搜索范围。如果真实的薄膜厚度在设定的范围以外，会导致反演的厚度错误；大的厚度范围会导致较长的软件计算时间。

　　④选择材料(分别选择基底材料和薄膜材料)。为反演薄膜厚度，需要知道基底材料和薄膜材料的折射率(n)与消光系数(k)。本实验中的样品均为基底上镀单层膜的样品。

　　实验中，因为照明样品的光源在各个波段的亮度不相同，光谱仪在相应波段的响应也不一致，所以光谱仪采集到的光谱数据会存在一些波段噪声较低、另一些波段噪声较高的现象，从而造成有些光谱波段容易受到系统误差的影响。为降低噪声和系统误差带来的干扰，获得好的反演结果，实际计算中需要人工选择数据段，即只选取光谱数据比较好的一个波长区间进行反演，而不是使用整个采集到的光谱数据。例如，通过观察图 14-7 所示的样品典型反射光谱，从中截取出光谱曲线上噪声较小的一段(如 400～800nm 波段)进行拟合。同时输入估计的待测薄膜的厚度范围，以减少计算机拟合所花费的时间。在本实验中设置薄膜的厚度为 100～2000nm 即可，需保证待测膜的厚度包含在设置的膜厚范围以内，同时选择对应的薄膜基底材料和薄膜材料，本实验中薄膜基底材料选择 K9，薄膜材料选择 MgF_2，确定拟合参数后单击"确定"按钮。

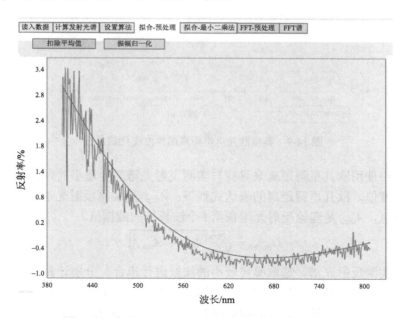

图 14-8　典型 400～800nm 波段数据拟合-预处理结果

(8) 进入"拟合-预处理"界面，先后单击"扣除平均值"和"振幅归一化"按钮，对从反射光谱中截取的波段数据进行拟合-预处理，以减少因为所测量的样品不是很完美、实验系统、实验环境、实验方法等造成的偏差测量数据，得到的典型欧几里得距离随厚度变化的曲线示意图如图 14-8 所示。图中光滑曲线是理论光谱曲线，上下起伏的曲线是实际测量、选择、预处理后的光谱曲线（波段为400～800nm），可见两者的相似程度较好。

(9) 进入"拟合-最小二乘法"界面，单击"拟合"按钮，即可得到欧几里得距离曲线，并可以直接从图上获得拟合出的待测薄膜厚度数据，如图 14-9 所示。

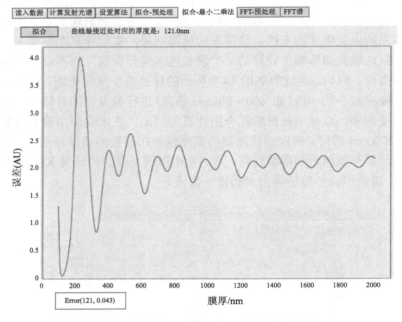

图 14-9　典型欧几里得距离随厚度变化的曲线

实验中使用欧几里得距离来寻找与实测反射光谱差异最小的理论反射光谱所对应的厚度值。欧几里得距离的表达式如下：$A_{\exp,i}$ 是实测反射光谱在第 i 个波长处的数据值，$A_{\mathrm{the},i}$ 是理论反射光谱在第 i 个波长处的数据值。

$$D_{\mathrm{Euclid}} = \sqrt{\sum \left| A_{\exp,i} - A_{\mathrm{the},i}^{2} \right|} \tag{14-8}$$

根据实测反射光谱，选取噪声较小的波段进行拟合，分别计算该波段的反射光谱与理论光谱在各个波长处差异的平均值。通过计算实测反射光谱与一系列理论反射光谱之间的差异,绘制出实测反射光谱与理论反射光谱的差异（欧几里得距离）随模拟厚度变化的曲线（图 14-9），与欧几里得距离极小值处所对应的厚度值就是待测样品的厚度。

(10)测量其他样品厚度。更换装有镀 MgF_2 薄膜镜片的 K9 窗口中的样品 1 为样品 2，保持参考物和实验测量装置不变，重复步骤(5)～步骤(9)，测量样品 2 的薄膜厚度。

七、思　考　题

(1)在保持参考光谱曲线的峰值为 30000～35000 的条件下，积分时间对实验最终测量结果的误差有什么影响？合适的积分时间与哪些因素有关？

(2)窗口镜片上的灰尘对实验测量结果的精度有影响吗？如果影响存在,这种影响是如何产生的？

(3)为什么上下两个窗口的距离要保持在 20mm 左右，上下两个镜座的距离由什么因素决定？

(4)若上下两个镜座之间不平行，对实验测量会有什么影响？

参 考 文 献

陈家璧, 2004. 激光原理及应用. 北京: 电子工业出版社.

陈士谦, 范玲, 吴重庆, 2007. 光信息科学与技术专业实验. 北京: 清华大学出版社.

顾畹仪, 2011. 光纤通信. 2 版. 北京: 人民邮电出版社.

胡昌奎, 黎敏, 刘冬生, 等, 2015. 光纤技术实践教程. 北京: 清华大学出版社.

江月松, 2000. 光电技术与实验. 北京: 北京理工大学出版社.

KEISER G, 2012. 光纤通信. 4 版. 蒲涛, 徐俊华, 苏洋, 译. 北京: 电子工业出版社.

蓝信钜, 等, 2005. 激光技术. 2 版. 北京: 科学出版社.

刘崇华, 2010. 光谱分析仪器使用与维护. 北京: 化学工业出版社.

沈建华, 陈健, 李履信, 2014. 光纤通信系统. 3 版. 北京: 机械工业出版社.

唐晋发, 顾培夫, 刘旭, 等, 2006. 现代光学薄膜技术. 杭州: 浙江大学出版社.

王丽, 2008. 光电子与光通信实验. 北京: 北京工业大学出版社.

郁道银, 谈恒英, 2006. 工程光学. 北京: 机械工业出版社.

赵凯华, 钟锡华, 2017. 光学(重排本). 北京: 北京大学出版社.

中华人民共和国国家质量监督检验检疫总局, 中国国家标准化管理委员会, 2009. 光纤实验方
    法规范. 北京: 中国标准出版社.

朱京平, 2003. 光电子技术基础. 北京: 科学出版社.

朱伟利, 2012. 光信息科学与技术专业实验教程. 北京: 中央民族大学出版社.